KB183454

중학교 입학 전 영어 공부

문법·단어·독해를 대비하는 방법

중학교 입학 전 영어 공부

유지현 지음

유노라이프 LIFE

머리말

아이를 보며 애태우는 모든 부모님에게

이제 막 새로운 출발선 앞에 선 당신은 어떤 꿈을 꾸고 있나요? 중학교 입학은 단지 학교가 바뀌는 것이 아니라, 학습의 방식과 목표가 전환되는 시기입니다. 처음으로 시험이라는 분명한 목표를 마주하게 되고, 과목별로 더 깊이 있는 공부를 시작하게 됩니다. 분명 설레는 변화이지만, 입학 전 다가올 학교생활에 불안감과 부담감이 있기도 할 것입니다.

많은 아이들을 만나보며 깨달은 사실이 하나 있습니다. 공부를 못 하고 싶어 하는 아이는 없다는 점입니다. 다만 어떻게 해야 할지 몰라 헤매는 아이들이 있을 뿐입니다. 아이들은 부모님께 자랑이 되고 싶고, 자신의 가능성을 증명하고 싶어 합니다. 그리고 아이들은 어른들이 생각하는 것 이상으로 배우고자 하는 열정도 가지고 있습니다. 하지만 끝없는 과제와 따라가기 벅찬 기준에 점점 지치고, 배움에 대한 흥미마저 잃어버리게 됩니다.

공부에서 좋은 결과를 낸 학생들에게 어떻게 그렇게 열심히 할 수 있었는지 물어보면, 대부분 "처음엔 큰 기대 없이 시작했지만 공부를 하다 보니 잘하게 되었고, 그러다 보니 더 열심히 하게 되었다"라고 대답합니다. 잘한다는 자신감과 인정받는 기쁨이 공부를 지속할 수 있는 원동력이 된 것입니다. 결국 중요한 것은 아이들이 자신의 가능성을 발견하고, 올바른 방향으로 공부를 시작할 수 있도록 돕는 것입니다.

이 책을 쓰면서 공부를 하고 싶지만 방법을 몰라 헤매는 아이들이 자주 떠올랐습니다. 열심히 시간을 쏟았는데도 원하는 결과를 얻지 못해 좌절하는 학생들, 그런 아이들을 보며 어떻게 도와줘야 할지 몰라 애태우는 부모님들의 모습도 생각났습니다. 이런 학생과 부모님들은 학원을 보내는 것 외에는 달리 방법을 찾지 못하고, 학원을 다니더라도 본질적인 문제를 해결하지 못하는 경우가 많습니다.

그 이유는 간단합니다. 공부는 결국 학생 스스로 해야 하는 일이기 때문입니다. 선생님은 공부의 내용을 가르쳐 줄 수는 있지만, 공부 자체를 대신해 줄 수는 없습니다. 진짜 공부는 학생이 책과 방대한 자료와 씨름하며 스스로 부족한 부분을 찾아내고, 필요한 공부를 선택하여, 부족한 부분을 메워 가는 과정에서 이루어집니다.

이 책은 바로 그런 아이들에게 길잡이가 되고자 합니다. 초등학교를 졸업하고 중학교 입학이라는 새로운 출발선에 서서 영어라는 과목을 어떻게 공부할지, 나아가 고등학교와 입시 영어까지 어떻게 대비하면 좋을지를 구체적으로 제시하려는 것입니다. 영어 시험 공부는 단순히 말하기를 잘한다고 해서 혹은 시간을 많이 투자한다고 해서 성과가 나오는 것이 아닙니다. 시험이라는 목표를 정확히 이해하고, 시험에 맞춘 효율적인 공부 방법을 익혀야만 좋은 결과를 얻을 수 있습니다.

이 책은 아이들에게 공부를 더 많이 하라고 요구하지 않습니다. 시간 낭비를 줄이고, 꼭 필요한 공부를 가장 효율적으로 할 수 있도록 도우려는 것입니다. 학생의 시간과 에너지는 매우 소중한 자원입니다. 그 자원을 잘 활용해 입시와 직접적으로 연결되는 공부에 집중할 수 있도록 돕는 것이 이 책의 목적입니다.

제가 좋아하는 말 중에 농구 선수 마이클 조던의 말이 있습니다.

"하루 8시간 동안 슈팅 연습을 할 수 있다. 하지만 잘못된 방법으로 연습하면, 당신은 잘못된 슈팅만 능숙해질 뿐이다."

공부 역시 마찬가지입니다. 단순히 오래 한다고 되는 것이 아니라, 올바른 방법으로 정확히 해야 합니다.

초등학교 영어 공부는 몇 가지 회화 표현이나 문장을 연습하는 데 그치지 않습니다. 중학교부터 하는 공부는 초등학교의 자유로운 학습과는 다릅니다. 시험이라는 분명한 목표를 향해 진행됩니다. 그러나 그 과정에서도 분명 재미를 느낄 수 있고, 목표를 이루는 성취감을 얻을 수도 있습니다. 중요한 것은 공부의 방향을 제대로 잡는 것입니다. 그렇지 않으면 불필요한 노력으로 지치거나 기대한 만큼의 성과를 얻지 못할 수 있습니다.

이 책은 영어라는 과목에서 아이들이 방법을 몰라 길을 잃지 않도록 돕기 위해 쓰였습니다. 이제 막 중학교에 입학하는 아이들이 새로운 환경에서 공부를 시작하며 막막함 대신 자신감을 느낄 수 있도록, 이 책이 작은 길잡이가 되어주길 바랍니다.

새로운 시작을 앞둔 당신의 첫걸음을 응원하며, 중학교 입학을 진심으로 축하합니다.

차례

3장 완전 초보라면 단어부터

4장 결국 다다라야 할 목표, 독해

2부
자, 이제 실전 대비 방법을 알아볼까요

5장 대치동부터 입시까지, 요즘 영어 트렌드

6장 중학교 내신, 어떻게 준비할까요?

7장 영어 선생님의 공부법

8장 멘탈을 붙잡는 방법

1부

ABC

중학교 영어,
이렇게
공부하세요

1장

초등부터 수능까지, 영어의 큰 그림

ABC

'헤쳐모여'의 시간

"헤쳐모여"라는 구령을 아시나요? 제가 초등학생 때에는 체육 시간에 '좌향좌', '우향우', '헤쳐모여' 같은 군대식 구령을 배우고 연습하고 했어요. 헤쳐모여라는 구령은 이미 있던 방식을 허물고 각자 흩어진 후에 다시 행렬을 맞춰서 모이라는 뜻이에요. 선생님께서 그 구령을 외치면 다 같이 흐트러졌다가 일사분란하게 줄맞춰 모였던 기억이 있습니다. 초등학교에서 제각기 공부하던 아이들이 중학교에서 가서 통일된 기준에 맞춰 줄을 서는 모습이, 마치 "헤쳐모여"에 맞춰 줄을 서는 모습과 비슷하다는 생각이 들어요.

요즘 초등학생 중에는 영어 유치원이나 어학원에서 소위 '영어 몰입 교육'을 받지 않으면, 스스로 영어를 못한다고 생각하는 경우가 많은 것 같습니다. 실제로는 못하는 것이 아닌 데도요. 제가 어렸을 때는 영어유치원 같은 것이 없었고, '학습식'이나 '레벨 테스트' 같은 것도 없었어요. 중학교에 들어가서 처음으로 영어 알파벳을 배우는 경우도 흔했죠. 그런데 요즘은 영어 유치원이나 학원에서 영어를 배운 친구들이 많다 보니, 유창하게 영어로 떠들거나 두꺼운 책을 읽는 친구들의 모습에 위축되기도 하고, 어느 친구는 유명한 어학원의 높은 반에 있다는 이유로 대보지도 않고 으레 주눅 들기도 합니다.

그런데요, 아까 "혜쳐모여"를 한다고 했잖아요.

초등학교 이전은요. 영어를 공부하는 방법도 너무나 제각각이고, 소위 학원의 레벨테스트나 시험도 기관별로 제각각입니다.

영어 유치원만해도 다 같은 영어 유치원이 아니죠. 학습식, 놀이식, 절충식, 그 사이에 정도의 차이도 있고요. 초등 어학원도 스피킹 중점, 라이팅 중점, 어디는 과학실험도 같이 하는 융합교육, 미국학교 스타일, 한국식… 다 나열할 수도 없어요. '탑반'이라고 하는 것도 결국 특정 학원이 만든 테스트일 뿐이고, 영어 실력을 얼마나 타당하고 신뢰도 있게 측정하는지 알 길이 없지요. 학원마다 중요하다고 강조하는 것이 다르고 시험도 다릅니다. 시험 자체를 공개하지도 않습니다. 한 학원을 오래 다녀서 들어가는 경우, 많은 학생이 그만두는 시점에 들어가는 경우, 같은 계열사에서 이동하는 경우 등등 여러 경우가 있기 때문에 신뢰할 수 있는 평가인지 알 길이 없습니다.

영어유치원도 '탑반'도 같은 출발점에 섭니다

그런데 이제 13살이 되면 전국의 중학교에서 모든 친구들을 다 "헤쳐모여" 하며 불러들입니다. 초등 때에 어느 유명 학원 '탑반'에 다닌 친구, 영어권 국가에서 살다 와서 발음과 몸짓이 원어민인 친구, 동네 공부방에서 선생님과 공부한 친구, 엄마와 '엄마표 영어'로 열심히 한 친구, '혼자 공부'로 학습지와 학교 수업을 성실히 따라온 친구… 이 친구들을 이제는 중학교라는 기관에서 공정하고 객관적인 기준으로 평가합니다. 이제야 내 진짜 실력이 조금씩 드러납니다.

"학교나 수능에서 평가하는 게 진짜 영어 실력을 측정하는 게 맞나요? 수능 영어 만점 나오는데 말도 못하는 사람들도 많은데요!" 이렇게 반대 의견을 내고 싶은 분도 있겠죠.

제가 말씀드리는 것은 학교나 수능에서 평가하는 방식이 가장 타당하다는 게 아니에요. 키나 몸무게도 아니고, 언어 능력처럼 복잡 미묘한 걸 어떻게 완벽하게 점수로 측정하겠어요.

다만 이 시험들은 모두 국가 교육 과정에서 정한 범위 내의 내용을 토대로, 투명하고 공정하고 객관적으로 설계된 것입니다. 모든 시험지가 공개되고 전 국민의 심사 대상이 됩니다. 최고의 전문가 집단과 교사들이 모여 최대한 신뢰할 수 있는 시험을 출제합니다. 그것을 바탕으로 앞으로 있을 대학 교육의 기회를 능력에 따라 분배합니다.

여러분이 앞으로 받게 되는 중학교 교육, 그곳에서의 평가가 어떤 성격의 시험인지 좀 알 것 같나요? 저는 초등학교에서 내가 잘하고 있는 건지 아닌지, 무엇을 어떻게 공부해야 하는지 몰라서 답답할 때가 있었어요. 모두가 안대를 끼고 앞으로 걷는 것 같았고, 어느 날은 내가 잘난 것 같다가도 어느 날은 나만 너무 뒤처지나 싶기도 했죠.

그런데 중학교에서는 투명하게 공개되는 방식으로 평가를 하기 때문에, 이 평가 하나에만 맞춰 준비하면 되었기 때문에 방향이 뚜렷했던 것 같아요. 중학교 영어, 중학교 공부는 완전히 새로운 영역이에요. 시험 점수가 편법이나 운, 사업적 이해관계에 영향을 받지 않고, 전교 학생이 모두 같은 수업을 듣고,

같은 시험을 보고 평가받습니다. 이 새로운 공부에서는 뒤늦게 공부를 한 친구들이 앞설 수 있습니다.

실전 영어와 영어 점수는 다르다

저는 춤을 잘 추는 사람들이 참 멋져 보이더라고요. 대학생 때 나도 멋지게 한 소절 추고 싶다는 생각에 학교 앞 댄스 학원에 무작정 등록했습니다. 수업을 들어 보니 그 학원은 전문 댄서 지망생으로 가득했고, 저도 갑자기 발레, 현대무용, 재즈, 힙합까지 다양한 수업을 듣게 됐죠. 학원 측은 이런 수업들이 가요 안무를 잘 소화하는 데 도움이 된다고 했지만, 수업이 어려운 건 둘째 치고 가요 안무 한 소절 배우려던 저에게는 전혀 도움이 되지 않았습니다. 결국 학원을 그만두고 동네 문화센터에서 좋아하는 음악에 맞춰 즐겁게 춤을 배우며 만족스러운 시간을 보냈어요.

이와 마찬가지로, 아이돌이 되고 싶은 사람이 동네 문화센터에서 취미로 춤을 배운다면 큰 도움이 안 되겠죠? 같은 춤을 배우더라도 목적이 다르면 배우는 방식도 달라져야 합니다. 영어 공부도 마찬가지입니다.

영어도 목적에 맞게 공부해야 한다

영어에는 말하기, 읽기, 듣기, 쓰기 등 다양한 영역이 있고, 한 가지 영역에서도 각자의 목표에 따라 필요한 영어 능력이 달라집니다. 예를 들어 여행을 위한 영어와 승무원 시험에 필요한 영어, 수능 시험을 위한 영어는 각각 다릅니다. 그리고 목표에 따라 공부 방법도 달라집니다. 나의 목적에 맞는 학습 방법을 찾아야만 효율적으로 공부할 수 있어요.

대학 이후 영어 공부의 목표를 한번 생각해 볼까요. 취직하거나 연구하고, 외국인과 소통해서 글로벌 경쟁력을 갖추면 커리어를 발전시키는 데 유용합니다. 이때 필요한 능력은 유창하게 말하고 의사소통하는 것이겠죠.

하지만 중학교, 고등학교 시기 영어 공부의 목표는 높은 내신과 수능 점수로 내 능력을 증명하는 것입니다. 입시까지 시험 점수가 중요해지기 때문에, 영어 공부의 목적은 의사소통 능력보다 성적이 됩니다. 영어로 유창하게 말하기를 부러워하는 사람들이 많지만, 입시를 앞둔 학생이나 학부모 중에 점수가 나오지 않으면서 말만 유창하게 하길 바라는 사람은 아무도 없을 거예요. 나에게 주어진 시간과 상황에서 한쪽만 선택한다면 내 선택은 무엇일지 생각해 보세요. 목표가 명확할수록 내가 필요한 게 무엇인지 보일 거예요.

어차피 영어가 다 같은 영어니 뭘 하든 도움이 된다고요? 혹은 둘 다 해야 한다고요? 그건 효율을 빼고 생각한다면 맞는 말이에요. 언어는 다 통하는 것이니, 말하기를 해도 읽기가 조금 늘고, 듣기를 해도 문해력이 조금 늘겠죠? 시간 여유가 많고 시험 준비를 하는 게 아니라면, 읽기든 말하기든 내가 좋아하는 어떤 영역을 공부해도 영어 실력에 도움이 될 거예요. 그런데 그렇게 해서는 실력이 느는 속도가 느려, 시험에서 필요한 수준까지 점수를 끌어올릴 수 없습니다.

심지어 우리는 영어만 매일 공부할 수가 없습니다. 영어만큼 다른 과목도 챙길 것이 너무나 많아요. 돌아서면 각 과목의 수행평가, 지필 평가… 그래서 시간 대비 성과(시성비)를 따져야 합니다. 극단적으로 내일 시험이 있다면 해리포터 원서를 읽는 것보다 학교 프린트를 보는 것이 시험 점수에 효율적이겠죠? 이처럼 중학생부터는 '열심히'가 아니라 '똑똑하게' 공부해야 합니다.

그러니 중학교부터 영어 목표는 아래와 같이 정리해 볼 수 있겠습니다.

1. 가성비 있게, 효율적으로
2. 시험 점수를 잘 받자!

착각 깨기 1
: 의사소통 능력=시험 점수

제가 교사로 근무했던 학교는 우리나라에서 소위 말하는 '학군지'에 있는 곳이었어요. 사립 초등학교, 영어 유치원, 해외 유학 경험이 있는 아이들이 많았죠. 이런 학생들은 영어 발음이 좋고 간단한 영어 문장을 이해하는 데 뛰어나며, 영어에 자신감도 있었어요. 그런데 그중에서 중학교 첫 시험에서 예상보다 낮은 점수를 받는 학생들이 적지 않았습니다.

실제로 영어로 말하는 능력이 뛰어난 학생들이 시험 성적은 낮게 나오는 경우가 종종 있습니다. 강사나 선생님들 사이에서도 '쉬는 시간에는 영어로 수다를 떠는데 시험 성적은 낮다'는 말이 종종 나왔습니다. 마치 우리가 매일 한국어를 쓰지만, 수능 국어 성적은 다양하게 나오는 것처럼요.

반대로 초등학교 때 눈에 띄지 않던 학생들이 중학교에 와서 갑자기 상위권으로 올라가는 경우도 많았습니다. 유창성 위주의 영어 실력과 꼼꼼하고 정확해야 하는 학교 시험 사이에는 괴리가 있었던 것입니다. 결국 시험에 맞게 공부하는 방법을 빨리 깨우친 아이들이 영어 성적도 잘 받게 됩니다.

앞으로 치르게 될 중·고등학교 영어 시험이나 수능에서는 유창한 말하기 능력을 평가하지 않아요. 발음, 몸짓, 표정도 평가 대상이 아닙니다. 그 대신 문법적으로 맞는 문장인지, 적절한 단어를 사용했는지, 지문을 읽고 얼마나 잘 이해하는지 등이 중점적으로 평가됩니다.

착각 깨기 2
: "초등학교 때 영어로 영어 끝내기"

"초등 저학년에 수능 영어까지 끝내고 초등 고학년부턴 수학에 집중한다." 요즘 공식처럼 도는 말 같아요. 그렇게만 된다면 얼마나 좋을까요. 초등학교 때 영어 몰입 교육을 한 것으로 고

3 수능까지 버틸 수 있을까요?

초등학교 때 영어를 잘한다고 해서 중·고등학교 영어 시험에서도 좋은 성적을 보장하지는 않아요. 수능 영어는 의사소통 능력을 넘어서 언어 능력, 이해력, 배경지식, 논리력을 평가합니다. 실제로 수능 영어는 미국 중학교 3학년에서 고등학교 1학년 수준의 영어를 요구하지만, 그 내용을 이해하고 문제를 푸는 데는 더 높은 사고력이 필요합니다.

예시 문장을 하나 들어볼게요. 이 문장은 수능 영어에 나온 문장을 한국어로 번역한 거예요.

> 그는 자아의 고양을 위해 자기희생적 윤리관을 고수하며, 타인의 기대에 부응하는 삶을 영위했으나, 그 과정에서 오히려 내면적 갈등을 심화시켜 결국 정신적 소진에 이르렀다.

단어가 추상적인 개념어라서 어려울 뿐 아니라, 단어를 알더라도 전체 의미를 이해하려면 일정 수준의 배경지식과 사고력, 논리력이 필요합니다. 이는 넓은 의미의 문해력에 해당합니다. 초등학생이 아무리 열심히 공부를 한다고 해도 이런 글을 읽고 이해할 정도로 성숙하기는 어렵습니다. 수능 영어는 이해력과 사고력을 요구하는 지문이 제시되기 때문에 어릴 때 수능 영어까지 끝낸다는 것은 어불성설입니다.

중학교 입학 후부터는 모두가 새롭게 시작하는 시간입니다. 초등학교 때 영어를 많이 했다고 방심하지도 말아야 하고, 사교육을 받지 못했다고 해서 좌절할 필요가 없습니다. 빨리 시작했다고 높이 가는 것이 아닙니다. 지금부터 꾸준히 '똑똑하게' 준비하면 높은 점수를 받을 수 있습니다.

중학교 영어는 무엇이 다를까?

영어가 한 종류가 아니듯, 초등 영어와 중학 영어는 방향과 강조점이 크게 다릅니다. 초등 영어는 영어를 처음 접하는 단계로, 자연스러운 의사소통 능력을 중심으로 합니다. 반면 중학교에서는 문법이 주요 학습 요소로 등장하면서 공부의 방식이 달라집니다. 초등학교에서 영어를 놀이처럼 자연스럽게 접하다가, 중학교에 들어서면서 학문적인 내용이 더해지게 됩니다. 그렇다면 초등과 중등 영어는 구체적으로 어떤 차이가 있을까요?

초등 영어
: 의사소통 능력

알파벳, 파닉스, 기초적인 단어, 간단한 문장 등을 통해 영어를 처음 접하는 시기입니다. 주로 생활 속에서 자주 쓰이는 표현을 자연스럽게 익히도록 유도합니다.

예를 들어 3-4학년에서는 알파벳 대소문자 쓰기, 파닉스를 통한 단어 발음 익히기, 간단한 자기소개나 인사말 등을 연습합니다. 5-6학년으로 올라가면 짧은 글을 읽고, 간단한 문장을 말하거나 쓰는 데 익숙해집니다. 이때는 주로 아래와 같은 대화 패턴을 배우게 됩니다.

A: How's the weather?

B: It's sunny.

이 단계에서는 영어 문장을 문법적으로 분석하지 않고, 패턴에 익숙해지도록 반복하는 것이 주요 학습 방식입니다. 학습을 놀이처럼 흥미롭게 하기 위해 그림이나 동작을 활용하여 표현하는 경우도 많습니다. 이렇게 초등학교 영어는 문법보다는 자연스러운 노출과 반복을 통해 익히는 단계입니다.

중등 영어
: 문법 중심

중학교에 진학하면 영어 학습에서 문법이 중요한 비중을 차지합니다. 초등학교에서 패턴으로 익혔던 문장들을 문법적으로 분석하는 단계를 밟습니다. 문법의 규칙을 배우고, 그 규칙에 따라 문장을 분석하고 쓰는 것이 중등 영어의 주된 학습 방향입니다. 학교 수업도 문법 설명에 많은 시간을 할애하며, 시험에서도 문법 문제가 주요한 역할을 합니다.

중학교 영어 수업에서는 문법 이외에도 듣기, 말하기, 읽기, 쓰기를 포함하지만, 문법이 새로운 개념이기 때문에 학생들에게 가장 어려운 부분으로 인식됩니다. 이 시기는 복잡한 문장이 등장하는 고등학교 영어를 대비하기 위해 문장의 틀인 문법을 잘 정리하는 것이 중요합니다.

문법이란, 단어들을 어떻게 배열해야 문장이 되는지를 정리한 규칙입니다. 예를 들어 초등 영어에서 'My name is Jihyun.'이라는 문장을 배웠다면, 중등 영어에서는 'my'가 '나의'라는 뜻의 소유격 대명사라는 점, 'my name'에 맞는 be 동사는 'is'라는 점 등을 배웁니다.

중학교 영어의 핵심은 문법을 숙지하고 이를 토대로 문법적으로 바른 문장을 사용하는 것입니다. 그래서 중학교 내신 평가에서는 문법 오류를 찾아내는 객관식 문제나 특정 문법 규칙을 적용해 문장을 작성하는 서술형 문제가 매 시험 등장합니다. 이러한 서술형 작문 문제가 변별력을 만드는 킬러 문항이 되기도 합니다. 또 말하기, 쓰기 수행평가에서도 특정 문법 요소를 꼭 포함하라는 조건을 달기도 합니다.

이처럼 중학교 영어는 문법을 처음 접하는 단계로, 반복 학습을 통해 다양한 규칙을 익히고 응용하는 과정입니다.

중학교 영어는 초등학교와는 전혀 다른 접근법을 요구합니다. 중학 영어의 목표는 초등 영어에서 익힌 의사소통 능력을 바탕으로 문법을 체계적으로 배우고, 이를 통해 독해와 작문 능력을 키우는 것입니다. 문법 학습이 어렵게 느껴질 수 있지만, 고등학교와 입시를 대비하기 위해서는 이 시기에 문법의 기초를 다져야 합니다.

ABC

멀지만 가까운 고등학교

초등학교 3학년 때, 우리 반에는 모두가 부러워하는 아이가 있었어요. 이름은 민아였어요. 민아는 항상 예쁜 옷을 입고 누구에게나 다정하게 대했어요. 발표 시간마다 손을 번쩍 들며 가장 먼저 나서곤 했고, 아이들 사이에서 그녀는 그야말로 '인기 스타'였죠. 그런데 민아가 가장 뛰어났던 건 교과서를 또박또박 읽는 능력이었어요. 아이들은 "민아는 한 글자도 틀리지 않고 읽어!"라고 칭찬했고, 선생님도 민아를 칭찬하시며 수업 중에 그녀에게 교과서를 읽게 하셨어요. 민아는 그럴 때마다 마치 주인공이 된 듯 자신감에 차곤 했죠.

하지만 학년이 올라가면서 분위기가 조금씩 달라졌어요. 이제는 교과서를 잘 읽는 것보다 그 내용을 얼마나 깊이 이해하는지가 중요해지기 시작했거든요. 5학년이 되자 민아는 여전히 교과서를 틀리지 않고 읽었지만, 이제 아이들은 그리 큰 감탄을 하지 않았어요. 그리고 선생님이 "그럼, 글쓴이가 왜 이렇게 말했을까?"라고 질문하면 민아는 답을 곧잘 하지 못하고, 다른 친구가 대답하곤 했지요. 예전에는 또박또박 읽는 능력만으로 모두의 주목을 받았지만, 이제는 그 내용을 이해하고 설명하는 것이 더 중요한 시기가 된 거죠.

이 예시를 통해 알 수 있는 것은 단기적인 성공이나 주변의 인정에만 집중하는 것이 아니라, 장기적으로 더 중요한 능력과 성장을 추구해야 한다는 사실입니다.

이러한 점은 중학교 공부에도 그대로 적용됩니다. 중학교에 들어가면 당장 학교 시험이 중요한 것이 맞지만, 중학 내신만을 신경 쓰면 고등학교에서 발목을 잡힐 수 있거든요. 예를 들어 교과서의 문법과 지문만 공부하면 교과서에 나오지 않는 어휘 준비나 다양한 독서를 소홀히 할 수 있습니다. 중학교까지만 공부하는 것이 아니고 적어도 고등학교 3학년까지 입시가 계속되니, 고등학교까지 공부 방향을 잘 알아야 합니다.

중학교 이후
: 고등 내신과 수능 영어

중학교를 졸업하면 고등학교 3년 그리고 수능 영어라는 큰 도전을 마주하게 됩니다. 고등학교 영어 내신은 중학교 때와는 범위와 난이도가 다릅니다. 수능 준비를 염두에 두고 교과서 외에 외부 지문이나 교재를 활용하는 경우도 많습니다. 그리고 상위권 학교에서는 단순한 단답형이나 서술형을 넘어서 문장을 직접 작성해야 하는 고난이도 문제들이 출제되기도 합니다.

수능 영어는 이전의 내신 시험과는 성격이 많이 다릅니다. 중학교 내신은 일정한 범위 내에서 학습한 내용에 기반한 시험이었지만, 수능 영어는 범위가 없는 시험입니다. 한때 수능이 EBS 교재와 직접적으로 연계되어 교재 지문을 분석하고 외우기도 했지만, 이제는 간접 연계로 변경되어 그 방식이 전혀 통하지 않게 되었죠. 그래서 수능 영어는 수능 언어와 마찬가지로 일반적인 영어 문해력이 중요해졌습니다. 즉, 처음 보는 지문을 얼마나 빠르게 정확히 해석하고 문제를 풀어내는가가 관건이 된 것입니다.

따라서 고등학교에서 영어 공부는 수능에 맞춰 독해 능력을 끌어올리는 방향으로 변화합니다. 초·중학생 때는 문해력과 독해력이 약해도 어느 정도 영어 학습이 가능했지만, 고등학생이 되면 본격적으로 복잡하고 긴 지문을 읽어내야 합니다.

고등 영어의 핵심 : 구문과 독해

중학 영어에서 고등 영어로 넘어가면서 영어는 문법 중심에서 구문 중심, 독해 중심으로 변화합니다. 중학교에서는 주로 문법과 교과서 지문 중심으로 학습을 진행하지만, 고등학교에 들어가면 문장의 구조를 분석하고 복잡한 지문을 이해하는 능력이 필요해집니다. 문법 지식을 바탕으로 문장의 패턴을 배우고, 이것을 독해에 적용해야 합니다.

예를 들어 중학교 문법에서는 "문장의 5형식" 파트에서 다섯 가지 단순한 문장 구조를 배우는데, 고등학교에서는 훨씬 더 다양한 영어 구문(패턴)을 익혀 비슷한 구문을 만나면 빠르게 해석할 수 있도록 학습합니다. 구문 학습을 통해 긴 문장도 구문 단위로 나누어 해석할 수 있게 되며, 복잡한 문장도 이해하기 쉬워집니다. 따라서 구문 학습은 독해의 핵심 도구가 됩니다. 고등학교 영어에서는 단순한 문법 지식을 넘어 문장의 패턴을 이해하고, 복잡한 문장을 쪼개어 읽으며 긴 지문을 효과적으로 해석하고 문제를 풀어야 합니다.

초등학교부터 고등학교까지 영어 학습은 크게 세 가지로 나눌 수 있습니다.

1. 영어 의사소통 능력: 실제 상황에서 영어를 이해하고 사용하는 능력입니다. 주로 초등학교에서 집중합니다.
2. 영어 내신(교과서 지문, 단원별 핵심 문법): 학교 시험에 맞춘 교과서 내용과 문법 학습입니다. 중학교에서 주로 다룹니다.
3. 영어 문해력(일반 지문 독해 능력): 다양한 지문을 이해하고 분석하는 능력입니다. 고등학교에서 중요한 요소로 부각됩니다.

이 중에서 고등학교 영어의 핵심은 세 번째인 영어 문해력입니다. 이 능력은 하루아침에 생기지 않으므로, 중학교 시절부터 차근차근 준비해야 합니다. 특히 중학교에서는 단어, 문법, 비교적 쉬운 지문부터 독해를 연습하며 기본기를 다져야 하며, 이는 고등학교에서 복잡한 문장을 해석할 수 있는 기초가 됩니다. 중학교 시절에 시간과 기회를 잘 활용하여 이러한 기초를 확실히 다져 놓는 것이 중요합니다.

중학교에 입학하면 당장 내신의 부담이 매우 크게 느껴질 거예요. 자유학기제가 지나고 나면 바로 중간, 기말고사를 시작합니다. 시험 기간이 되면 내신 공부에 몰두해야 하지만, 중요한 것은 내신에 포함되지 않는 공부에도 신경을 써야 한다는 것입니다. 특히 시험 기간이 아닐 때에는, 고등학교를 대비한 영어 문해력 공부도 균형 있게 해야 합니다. 중학교 시절이 고등학교에 비해 상대적으로 여유가 있으니, 이 시기를 잘 활용해야 합니다.

중학교에서 잘하던 학생들이 고등학교에 가서 성적이 떨어지기도 하고, 반대로 중학교에서 두각을 드러내지 않았던 학생이 고등학교에서 도약하는 경우도 많습니다. 그 차이는 문해력과 이해력에 있다고 생각합니다. 고등학교에서는 단순 암기나 벼락치기로 성적을 유지하기 어렵고, 깊이 있는 이해력이 필요합니다. 중학교에서 단단하게 기본기를 다진 학생들이 고등학교에서 빛을 발하게 됩니다.

더 읽어보기

중학교 입학 전에 준비해야 할 것

중학교 영어에 잘 적응하려면 초등학교 과정을 탄탄히 마무리하는 것이 중요합니다. 중학교 영어는 초등 영어에서 다룬 어휘와 문장 구조를 기반으로 문법이 시작되고, 독해와 어휘가 심화되기 때문에 어휘, 독해, 문법 등 주요 영역에서 충분한 준비를 해두는 것이 필요합니다. 이 글에서는 중학교 입학 전 꼭 준비해야 할 세 가지 영역, 즉 어휘, 독해, 문법에 대해 구체적으로 설명하겠습니다. 중요한 내용이니 찬찬히 읽고 정리해 두세요.

어휘
: 초등 단어 완벽히 정리하기

중학교 영어는 초등에서 익힌 어휘를 기반으로 새 단어와 문장을 배우는 과정이므로 초등 수준의 단어를 확실히 익히는 것이 중요합니다. 학교 수업에서 배우는 단어는 물론 교과서에 포함되지 않은 기본 어휘까지 폭넓게 다뤄야 합니다.

학습 전략

중학교 입학 전에 아는 단어를 반복적으로 복습하기보다는, 모르는 단어를 찾아내고 이를 채우는 방식으로 학습하는 것이 효과적입니다. 이를 위해 초등 영단어 교재나 중등 수준의 기초 단어 교재를 활용하면 좋습니다. 초등 수준의 교재를 사용한다면 아는 단어가 많이 나올 수 있는데, 이때 아는 단어를 빠르게 넘어가고 모르는 단어에 집중해서 암기하는 방식으로 접근합니다.

추천 교재

Bricks R&D 지음, 'Bricks Vocabulary' 시리즈
키 영어학습방법연구소 지음, '초등 영단어 단어가 읽기다' 시리즈
EBS 지음, 'EBS랑 홈스쿨 초등 필수 영단어' 시리즈

독해
: 문장 이해와 경험 쌓기

중학교 입학 전 긴 글을 읽는 연습을 반드시 많이 할 필요는 없습니다. 그러나 짧은 문장을 읽고 정확히 이해하는 능력을 길러야 합니다. 문장을 접하고 익숙해지는 과정은 독해뿐 아니라 이후의 문법 학습에도 중요한 재료로 사용되기 때문에 문장을 많이 접해 보는 것이 도움이 됩니다.

중학교 1학년 교과서의 핵심 문장은 상당히 쉽게 느껴질 것입니다. 예를 들어 다음과 같은 문장들이 대표적입니다.

She is Julia. Is she Julia?

She goes to school.

하지만 이 문장들이 쉬운 이유는 문장의 문법적 구조를 배우기 위해서입니다. 우리가 국어 문장을 이해할 수 있는 능력을 갖춘 후에 국어 문법을 배우는 것처럼, 어떤 문장을 본 적이 있고 그 의미를 이해할 수 있는 상태에서 그 문장의 문법적인 내용을 배우는 것이 훨씬 이해가 쉽습니다. 그렇기 때문에 문법에서 배울 문장들을 미리 독해를 통해 접하고 익숙해질 필요가 있습니다.

독해 레벨

교육 과정에서 AR 점수를 사용하지는 않지만 학부모들이 자주 참고하는 AR 레벨 기준에 따르면 초등 6학년 영어는 AR 1.7, 중학교 1학년은 AR 3.2 수준입니다. 중학교 진학 전에는 3.0 수준의 읽기 실력을 갖추는 것이 적합하며, 이를 위해 아래의 원서와 독해 교재를 추천합니다.

추천 원서

AR 1점대

Tedd Arnold 지음, 'Fly Guy' 시리즈
Mo Willems 지음, 'Elephant & Piggie' 시리즈
Alyssa Satin Capucilli 지음, 'Biscuit' 시리즈

AR 2점대

Mercer Mayer 지음, 'Little Critter' 시리즈
Eric Litwin 외 지음, 'Pete the Cat' 시리즈
Cynthia Rylant 외 지음, 'Henry & Mudge' 시리즈
Justine Smith 지음, 'Zak Zoo' 시리즈

AR 3점대

Jeff Brown 지음, 'Flat Stanley' 시리즈
Tracey West 지음, 'Dragon Masters' 시리즈
Mary Pope Osborne 지음, 'Magic Tree House' 시리즈
Peggy Parish 지음, 'Amelia Bedelia' 시리즈
Stan Kirby 지음, 'Captain Awesome' 시리즈

원서 읽기

이런 원서는 쉬운 이야기로 구성되어 있어 영어 읽기에 대한 흥미를 높이고 독해 실력을 키우는 데 적합합니다. 영어 공공도서관에 AR 점수별로 분류되어 있어 쉽게 수준별로 찾아 읽을 수 있습니다.

독해 교재

원서를 이용하는 경우 정확하게 읽지 않으면 시간만 낭비할 수 있는 반면, 독해 교재는 이해도를 점검하는 질문이 나와서 정확한 읽기를 연습할 수 있습니다. 그리고 지문별로 단어가 제공되고 음원을 편리하게 들을 수 있어, 영단어 학습과 듣기 연습을 따로 하지 않아도 학습 효과를 얻을 수 있습니다. 책이 수준별로 구성되어 있으니, 처음에는 자신의 레벨에 맞는 책을 선택하고 한 단계씩 수준을 높여 가는 방식으로 학습합니다.

추천 교재

Bricks(사회평론) 지음, 'Bricks Reading' 시리즈(레벨 200까지)
NE능률 영어교육연구소 지음, '리딩튜터 주니어' 시리즈(레벨 1-2)
Michael A. Putlack 외 지음, '미국교과서 읽는 리딩' 시리즈

문법
: 중등 문법으로 연결하기

영문법은 초등과 중등에서 학습 범위와 깊이에 차이가 있습니다. 초등 문법은 단어와 기본적인 문장으로 구성되는 반면, 중학교 문법은 문장 구조와 문법 규칙을 체계적으로 배웁니다.

중학교 문법을 처음 접할 때 생소함을 줄이기 위해 초등 수준의 기초 문법을 먼저 배우는 것이 도움이 될 수 있습니다. 예를 들어 초등 문법으로 단어나 기본적인 문장 위주의 문법을 익히고(명사의 복수형, 조동사 can 등) 중등 문법에서는 이를 확장하고 심화하여 배우는 방식입니다.

학습 전략

중학교 입학 전 초등 영문법 교재를 활용해 기초적인 문법 개념을 가볍게 익히고 익숙해집니다. 이후 중학교 1학년 자유학기제 기간이나 방학을 활용해 중등 문법 교재로 연결합니다.

추천 교재

편집부 지음, '초등영문법 3800제' 시리즈
NE능률 영어교육연구소 지음, '초등 그래머 인사이드' 시리즈
편집부 지음, 'EBS랑 홈스쿨 초등 영문법' 시리즈

2장

중학교 영어는 문법이다

문법을 배우는 목적은 독해력

앞서 보았듯, 수능 같은 고난이도 시험에서는 독해력이 학습의 성패를 좌우한다고 해도 과언이 아닙니다. 영어 독해는 단순히 단어로 문장을 이해하는 것이 아니라, 문장의 구조를 정확히 파악하고 의미를 정확하게 해석하는 과정을 포함합니다. 이 과정에서 중요한 역할을 하는 것이 바로 문법입니다. 우리가 문법을 배우는 이유는 문법 그 자체를 알고자 함이 아니라, 이를 통해 정확하고 효과적으로 독해를 하기 위함입니다. 조금 과장하자면, 중고등학교에서 배우는 영문법의 목적은 독해라고 할 수 있습니다.

문법과
독해의 관계

문법은 문장의 기본 규칙을 알려주기 때문에, 문장을 제대로 이해하기 위해서는 문법이 필요합니다. 우리말과 달리 영어는 '이/가', '을/를' 같은 조사가 없어 순서가 매우 중요합니다. 예를 들어 "John loves Mary."와 "Mary loves John."은 단어가 같지만, 순서에 따라 의미가 완전히 달라집니다. 문법은 이렇게 단어의 배열에 대한 규칙을 제시해 주며, 이 규칙이 없으면 문장을 제대로 이해하기 어렵습니다.

더 복잡한 문장을 읽을 때는 문법의 중요성이 두드러집니다. 예를 들어 "The man who I met yesterday is coming to the party."라는 문장을 분석하려면, 'who'가 관계대명사이고, 'who I met yesterday'가 관계절임을 알아야 문장의 구조를 정확히 이해할 수 있습니다. 이러한 지식이 없으면 문장의 의미를 온전히 파악하기 어렵습니다. 따라서 문법을 알아야 복잡한 문장 구조를 분석하고 이해하는 능력을 기를 수 있습니다.

긴 문장은 끊어 가며 읽어야 하는데 끊어 읽기를 할 때도 문법 지식이 필요합니다. 적절한 곳에서 끊어 읽기 위해서는 의미 단위를 구분할 수 있어야 하며, 이를 위해서는 문장 안 단어들 사이의 관계를 파악할 수 있어야 합니다. 이러한 문법적 지식이 있어야 글을 읽으며 어디에서 끊어 읽고, 어떻게 문장을 해석할지 자연스럽게 이해할 수 있습니다. 그러니 독해를 잘하기 위해서는 문법적 지식이 필수입니다.

물론 문법은 독해뿐만 아니라 듣기, 쓰기, 말하기에서도 중요한 역할을 합니다. 영어로 말할 때 문법에 맞게 말하지 않으면 상대방이 제대로 이해하지 못할 수 있으며, 잘못된 문법은 오해를 불러일으킬 가능성이 큽니다. 듣기에서도 문장의 구조를 이해하지 못하면 중요한 내용을 놓칠 수 있습니다. 이처럼 문법은 영어의 모든 영역에서 중요한 역할을 합니다.

수능에서 문법 자체에 대한 문제는 45문제 중 단 한 문제만 출제됩니다. 물론 이 한 문제의 변별력이 크긴 하지만, 적은 비중입니다. 결국 문법을 공부하는 주된 목적은 어법 문제가 아니라 독해력과 문해력을 높이기 위함입니다.

문법을 공부할 때 목표를 명확히 설정하는 것이 중요한 이유는, 목표에 따라 공부의 영역과 방식이 달라지기 때문입니다. 목표 없이 문법 공부를 시작하면, 많은 학생들이 모든 내용을 외우려고 하는 경향이 있습니다. 물론 모든 문법 지식을 아는 것이 나쁘진 않지만, 제한된 시간을 효율적으로 활용해야 하기 때문에 학습의 초점을 잘 잡는 것이 필요합니다. 따라서 문법 학습도 그 목적에 맞게 이루어져야 합니다.

문법의 목표가 독해력 향상이라면, 문법 용어 자체를 암기하는 것보다 문장에서 문법이 어떻게 적용되고 해석되는지를 이해하는 것이 더 중요합니다. 예를 들어 to 부정사의 세 가지 용법(명사적, 형용사적, 부사적)을 외우기보다는, 문장에서 to부정사를 찾아보는 연습, 찾은 to 부정사가 어떤 용법으로 쓰였는지 파악하고 해석해 보는 연습이 훨씬 효과적입니다.

품사나 문장의 5형식도 마찬가지입니다. 여덟 가지 품사나 5형식의 종류를 나열하는 식의 암기보다는, 이를 바탕으로 문장을 보고 해석할 수 있는 능력을 기르는 것이 중요합니다. 예를 들어 문장의 5형식을 나열하기보다 "I will make you happy."라는 문장을 5형식으로 보고 'happy'를 목적격 보어로 이해해 "내가 너를 행복하게 만들겠다."라는 의미를 파악하는 것이 훨씬 더 중요합니다.

결론적으로 문법 공부의 목적은 독해력 향상입니다. 문법은 단순히 암기해야 하는 대상이 아니라, 문장을 분석하고 그 의미를 정확히 파악하는 데 필요한 도구입니다. 따라서 문법을 학습할 때는 암기보다 문장을 해석하고 이해하는 데 초점을 맞추는 것이 바람직합니다. 처음 1회독은 방향 잡기가 쉽지 않을 수 있지만 2회독부터는 제대로 목적을 설정해서 문법을 공부해 나가야 합니다.

중학교 문법이 왜 중요할까

중학교 영어 교육 과정에서 가장 중요한 영역은 단연 문법입니다. 중학교 영어는 듣기, 말하기, 읽기, 쓰기 등 여러 영역을 다루지만, 실질적으로 문법이 중심을 차지합니다. 많은 학생들이 문법이 어렵다고 느끼고 자연스러운 의사소통과 무관하다며 중요성을 간과하는 경우가 있지만, 사실 중학교는 문법을 체계적으로 학습할 수 있는 유일한 시기입니다. 고등학교 이후로는 문법을 이미 충분히 이해하고 있다는 전제 아래 독해 수업이 진행되기 때문에, 중학교 문법 학습이 곧 고등학교의 영어 실력을 좌우하는 중요한 역할을 합니다.

문법이란 무엇일까

간단히 말해서 문법은 문장의 규칙입니다. 문장을 구성할 때 단어를 아무렇게나 배치할 수는 없어요. 앞서 설명했듯이 영어에서는 단어의 순서가 매우 중요합니다. 예를 들어 한국어에서는 '제니가 햄버거를 먹는다'와 '햄버거를 제니가 먹는다'가 의미가 같습니다. 하지만 영어에서 'Jenny ate a hamburger'와 'A hamburger ate Jenny'는 의미가 전혀 다르죠. 어떻게 단어를 배치해야 하는지를 배우는 것이 바로 문법입니다.

문법 공부는 언어의 규칙을 이해하고 이를 실제 문장에 적용하는 데 중점을 둡니다. 예를 들어 평서문은 주어 동사 순서로 구성되고, 의문문은 동사 주어 순서로 변형되는 등, 문장 구성의 다양한 규칙을 배우게 됩니다. 중학교 3년 동안 이러한 규칙들을 익히며 문법적으로 올바른 문장을 만들어 가는 연습을 하고, 또 문법을 이용해 정확하게 문장을 해석하는 것으로 나아갑니다.

중학교 영어 교육에서 문법이 중요한 이유는, 이 시기가 바로 문법적 지식을 체계적으로 쌓을 수 있는 유일한 시기이기 때문입니다. 초등학교에서 아직 문법 같은 추상적인 개념을 이해하기는 조금 어렵고, 고등학교부터는 구문 학습과 고난이도 독해를 연습하게 됩니다.

고등학교 영어는 문법을 이미 충분히 이해하고 있다는 전제 아래 문장의 구조를 분석하고, 이를 바탕으로 복잡한 문장을 이해하는 데 초점을 맞춥니다. 예를 들어 고등학교 영어에서는 관계대명사, 분사구문, 가정법 등이 포함된 복잡한 구문이 등장하며, 이러한 구문을 정확히 이해하려면 중학교에서 배운 문법 지식이 필수적입니다.

그렇기에 중학교 영어는 문법을 학습할 수 있는 중요한 시기이자, 중학교 이후의 영어 학습을 위한 기반을 다지는 단계입니다.

독서만으로는
부족한 이유

물론 글을 많이 읽으며 자연스럽게 문장의 구조를 익히는 방법도 있습니다. 그러나 실제로 이런 방식만으로는 수능 같은 고난이도 영어 시험에 대비하기 어렵습니다. 원어민조차 복잡한 문장 구조가 포함된 글을 읽는 데 어려움을 겪는 경우가 많습니다. 원어민 중에서도 꾸준한 독서를 통해 문해력을 잘 다져온 경우에는 문법이 자연스럽게 체득될 수 있지만, 외국어를

초등	중등	고등
의사소통 중심 단순 표현	중간 과정 재료: 문법, 어휘, 짧은 독해	고차원 독해 어려운 표현

배우는 학생들은 이러한 수준에 도달하기까지 엄청난 독서 시간이 필요합니다. 대부분의 학생은 독서로 어느 정도 언어 감각을 익힌 후, 구문 학습을 통해 문장의 구조를 분석하고 복잡한 문장을 정확히 해석하는 능력을 키워야 합니다.

결국 영어 교육은 모국어 발달과 마찬가지로 단순한 의사소통 중심의 표현에서 고차원적인 독해 능력으로 나아가는 과정입니다. 중학교 과정은 이러한 변화의 중간 단계로, 문법, 어휘, 짧은 독해를 중요한 요소로 삼아 고난이도 독해로 나아가는 기반을 마련하는 시기입니다.

문법 교재가 따로 필요하다

영어 학습에서 교과서와 문법 교재의 차이점을 이해하는 것은 매우 중요합니다. 교과서는 의사소통 능력을 전반적으로 다루는 것을 목표로 하기 때문에 문법에만 집중할 수 없습니다. 보통 한 챕터에서 다루는 문법 요소는 두 개 정도에 불과하며, 내용도 매우 제한적입니다. 따라서 교과서에만 의지하지 말고, 문법에 대해서는 별도의 교재를 활용하여 전체적인 그림을 그리는 것이 필요합니다.

예를 들어 동아출판 중1 영어 교과서의 1단원에서는 be 동사의 평서문, 부정문, 의문문을 다루고 있지만, 설명이 간단하고 예문 몇 개로 마무리됩니다. 이러한 내용으로는 문법을 깊이 있게 이해하기 어렵습니다.

1단원: be 동사, 일반동사

2단원: 현재진행, 조동사

3단원: 과거형, 부정 명령문

4단원: 동명사, be going to

5단원: 비교급, 최상급, there is/are

6단원: to 부정사의 명사적 표현, that절

7단원: to 부정사의 부사적 표현, 접속사

8단원: 수여동사, 비인칭주어 it

또한 1학년 교과서의 문법 부분 차례를 자세히 살펴보면, 문법 요소들이 파편화되어 있는 것을 알 수 있습니다. 상관없는 문법 사항이 단순하게 나열되어 있어 문법의 전체적인 구조를 이해하기 어렵습니다. 즉, 나무는 보지만 숲을 보지 못하는 셈입니다. 아래에서 문법 교재의 차례는 어떻게 되어 있는지 비교해 보겠습니다.

문법 교재와 비교해 보기

시중 문법 교재인 《중학영문법 3800제 1학년》은 문법을 집중적으로 다루며 상위 개념과 하위 개념이 체계적으로 연결되어 있습니다. 예를 들어 이 교재의 차례를 보면 관련된 문법 항목들이 함께 정리되어 있습니다. 시제는 시제 단원에, 조동사는 조동사 단원에, to 부정사의 다양한 용법은 하나의 단원에 모여 있어, 문법의 큰 그림을 한눈에 볼 수 있도록 설계되어 있습니다.

1 현재시제

1-1 일반동사의 3인칭 현재 단수형 1

1-2 일반동사의 3인칭 현재 단수형 2

1-3 3인칭 현재 단수형의 '-(e)s' 발음

1-4 현재시제의 쓰임

(…)

3 미래시제 - will과 be going to

4 진행시제

4-1 동사의 -ing 형 1

4-2 동사의 -ing 형 2

4-3 현재진행시제와 과거진행시제

4-4 미래를 나타나는 현재진행시제

5 현재완료시제

5-1 현재완료시제의 쓰임

5-2 현재완료시제와 과거시제의 비교

중학 영어의 핵심은 문법이지만, 사실 학교에서 배우는 교과서는 문법을 중심으로만 구성되어 있지 않습니다. 중학교 영어는 말하기, 쓰기, 듣기, 읽기의 네 가지 영역으로 구성되어 있으며, 언어 형식이나 대화 표현, 단어 등이 포함되어 있습니다. 따라서 한 단원에서 문법 요소를 배우더라도, 큰 그림부터 체계적으로 배우기는 어렵습니다.

예를 들어볼게요. 중학교 1학년 1단원에서 be 동사를 배우고 곧이어 현재 진행형을 배우지만, 그보다 상위 개념인 동사나 품사에 대한 단원은 없습니다. 물론 선생님에 따라 큰 그림을 설명해 주실 수 있지만, 갓 중학교에 입학한 학생들의 다양한 요구를 고려해야 하는 학교 환경에서 체계적인 문법 학습을 제공하기는 쉽지 않습니다.

문법 교재가 교과서보다 더 우월하다는 의미는 아닙니다. 교과서는 교육 과정에 맞춰 언어의 모든 면을 다루는 반면, 문법 교재는 문법 하나만 집중적으로 제시합니다. 문법 공부에 있어서는 교과서만으로는 부족할 수 있으므로, 별도의 문법 교재를 활용하여 전체적인 큰 그림을 정리하는 것이 중요합니다.

문법의 밑그림은 품사와 문장 성분

교과서는 물론 많은 문법 책에서도 품사와 문장 성분에 대한 설명이 부족한 경우가 많습니다. 하지만 본격적으로 문법을 시작하기에 앞서 품사와 문장 성분을 알아야 문법 설명을 이해할 수 있고 문장 전체를 볼 수 있습니다. 문법 공부를 어느 정도 해 본 학생들도 이 개념을 제대로 배우지 못하거나 충분히 정리하지 못해 계속해서 혼란스러워하는 경우가 많습니다. 그래서 이 번 글에서는 자주 접하지 못하지만 꼭 알아야 할 개념을 정리하고자 합니다.

문법의 시작은 용어에 익숙해지는 것

주어, 동사, 목적어, 형용사, 명사… 이 단어들을 들어보셨나요? 이 단어들은 한자어로 되어 있어서 심리적인 장벽을 느낄 수 있습니다. 하지만 문법 공부는 이 단어들에 익숙해지는 것에서 시작합니다. 학교에서든 인터넷 강의에서든 문법 설명은 이 단어들로 이루어지기 때문입니다.

품사: 단어의 종류

품사는 단어의 종류로, 태어나면서 국적이 정해지는 것처럼 단어마다 품사가 정해져 있습니다. 품사는 모두 아홉 가지로, 그중 앞의 다섯 가지가 자주 쓰입니다.

1. 명사: 사람, 사물, 개념의 이름.

   예시. pencil, cheese, John, happiness

2. 대명사: 명사를 대신함.

   예시. he, she, it

3. 동사: 동작을 나타냄.

   예시. run, drink

4. 형용사: 명사를 꾸며줌.

예시. pretty, happy

5. 부사: 동사, 형용사, 부사, 문장 전체를 꾸며줌.

   예시. happily

6. 접속사: 문장이나 단어들을 연결함.

   예시. and, but, because

7. 전치사: 명사나 대명사 앞에 쓰여 관계를 나타냄.

   예시. in, on, at, with

8. 의문사: 질문을 만들 때 사용함.

   예시. what, who, where, when, why, how

9. 감탄사: 감정이나 느낌을 표현함.

   예시. oh, wow, ouch, hey

문장 성분: 문장에서 맡은 역할

품사와 문장 성분은 다른 개념입니다. 문장 성분은 특정 문장 내에서 단어가 맡는 역할을 의미합니다. 같은 사람이라도 있는 곳에 따라 역할이 다르듯이, 같은 단어라도 다른 문장에서는 다른 역할을 맡을 수 있습니다.

1. 주어: 문장의 주체

   → 명사, 대명사 가능

2. 동사: 주어가 하는 동작

→ 동사 가능

3. 목적어: 주어가 하는 행동을 받는 자

→ 명사, 대명사 가능

4. 보어: 목적어 또는 주어를 보조함

→ 형용사, 명사 가능

예를 들면 아래와 같습니다.

문장1	**I**	**love**	**puppies.**
품사	대명사	동사	명사
문장 성분	주어	동사	목적어

문장2	**Puppies**	**are**	**cute.**
품사	명사	동사	형용사
문장 성분	주어	동사	보어

같은 'puppies'라는 단어가 문장1에서는 목적어로, 문장2에서는 주어로 쓰인 것을 볼 수 있습니다. 즉, 단어 자체가 항상 주어인 것은 아닙니다.

이렇게 정리하면, 대체로 품사는 '사'로 끝나고 문장 성분은 '어'로 끝나는 경향이 있습니다. 그런데 하나의 예외가 있습니다. 바로 동사입니다. 사실 문장 성분에서는 '서술어'라는 표현이 더 적합합니다. 하지만 영어에서는 서술어에 동사라는 품사만 사용되어, 통상적으로 서술어 대신 동사라는 표현이 많이 사용되므로 두 단어가 혼동을 일으킬 수 있습니다. 이 점을 잘 이해해 두세요.

문법 공부를 시작하고 체계를 잡을 때, 품사와 문장 성분을 명확히 이해하는 것이 매우 중요합니다. 이 두 개념을 바르게 이해하면 나머지 문법 내용이 자연스럽게 자리 잡을 것입니다.

ABC

회독 올리기, 깊이를 더하는 학습법

문법 공부를 할 때 중요한 요령 중 하나는, 모든 내용을 한 번에 이해하려고 하지 말라는 것입니다. 최대한 이해하려고 노력하겠지만, 그럼에도 불구하고 이해되지 않는 부분이 있을 수 있습니다. 왜냐하면 책 뒷부분에 나오는 내용이 앞부분의 내용을 이해하는 데 필요하기 때문입니다.

교과서와 교재 집필진은 최대한 앞에서 배운 내용으로 뒷부분을 설명하려고 하지만, 언어는 서로 얽히고설켜 있는 지식이라 모든 부분이 서로 연결되어 있습니다. 그러므로 뒷부분을 배우지 않고는 앞부분을 완벽하게 이해하기 어렵습니다.

예를 들어 많은 학생들이 어려워하는 문장의 5형식이 책의 앞이나 중간쯤에 배치되는 경우가 많습니다. 문장의 종류를 먼저 설명해야 큰 그림을 보고, 그다음에 하나씩 배워갈 수 있기 때문입니다. 하지만 문장의 5형식 안에는 자동사, 타동사, 감각동사, 보어, 목적어 등 많은 문법 개념이 포함되어 있습니다. 5형식은 사실상 문법의 모든 요소를 포함한다고 할 수 있습니다! 그래서 누구나 문장의 5형식을 처음 배울 때 완벽하게 이해하지 못합니다. 하지만 전체 범위를 한 번 읽고 다시 처음부터 읽으면 훨씬 이해가 쉽습니다.

따라서 처음 수업을 듣거나 책을 읽을 때 이해되지 않거나 생소한 내용이 있다면, 그 부분에 너무 많은 시간을 쓰지 않는 것이 효율적입니다. 이해가 안 되는 부분은 체크해 두고 과감히 넘어가세요. 책을 80퍼센트만 이해하면서 처음부터 끝까지 읽는 것을 목표로 해보세요. 한 번 읽고 다시 처음부터 공부해 보면, 처음 읽을 때는 이해하지 못했던 부분을 더 자세히 읽어 볼 수 있습니다. 두 번째 읽을 때는 속도가 절반 이상으로 줄고, 처음에 이해되지 않았던 부분이 생각보다 쉽게 이해되는 것을 경험할 것입니다.

이러한 과정을 '회독 올리기'라고 합니다. 처음 한 번 읽으면 1회독, 두 번 읽으면 2회독이라고 부르면서 반복해서 읽는 것을 의미합니다. 1회독에서 80퍼센트만 목표로 하는 만큼 문법 공부는 1회독으로 공부를 마쳤다고 할 수 없습니다. 뒷부분을 알아야 앞부분이 이해되기 때문에, 2회독이 되어야 제대로 한 번 보았다고 할 수 있습니다. 그러니 모르는 내용 때문에 시간을 너무 오래 끌기보다는 일단 2회독을 하고, 완전히 이해될 때까지 빠르게 3, 4회독을 하는 편을 추천합니다.

문법은 사실 그렇게 어려운 개념이 아닙니다. 언어의 규칙이기 때문에 추상적인 개념이 포함되어 있지만, 결국 구체적인 문장을 보며 규칙을 찾는 과정입니다. 그렇기에 문법은 천천히 반복해서 충분한 시간을 들이면 누구나 이해할 수 있습니다. 처음 볼 때에는 어려워도 회독을 거듭하며 하나씩 차근차근 살펴보면, 이해의 순간을 맞이합니다.

차례를 꼭 활용해야 한다

문법 공부의 두 번째 요령은 '숲과 나무를 번갈아 보기'입니다. 꼼꼼히 구석구석 살펴보는 것이 중요하지만, 그 과정에서 자신의 위치를 파악하는 것도 필요합니다. 공부의 여정에서 그 역할을 하는 것이 바로 '차례'입니다.

저는 항상 공부를 시작하기 전에 차례를 확인하고, 며칠에 걸쳐 끝낼지, 오늘은 어떤 부분을 공부할지 파악합니다. 공부가 끝난 후에도 다시 차례를 살펴봅니다. 차례를 자주 확인하면서 진도를 체크하는 것은 여러모로 학습에 도움이 됩니다.

첫째로 차례를 보면 내가 배우는 부분이 전체에서 어느 위치에 있는지 파악할 수 있습니다. 이는 내용을 파편적으로 이해하지 않고 체계적으로 이해하는 데 도움을 줍니다. 문법책을 쓴 저자는 최선을 다해 고민하면서 내용을 분류하고 체계를 잡았을 것입니다.

예를 들어 오늘 배우는 현재 진행형은 시제라는 큰 개념 아래에 배치되며 과거시제 같은 다른 시제, 과거진행 같은 진행 시제와 가까이 배치되어 있습니다. 이는 현재 진행형이 작은 파편이 아니라 시제라는 개념의 일부임을 인식하게 해 주며, 관련 개념과 관계 속에서 이해의 속도와 깊이를 높입니다. 매번 공부할 때 오늘 할 부분을 차례에서 찾아보세요.

차례를 활용하면, 내가 배우고 있는 것이 숲 속의 나무 한 그루임을 인식하면서도 숲속에서 길을 잃지 않습니다. 나무 하나 하나를 꼼꼼하게 살펴보면서, 모든 나무를 배우는 동안 출구를 찾을 수 있습니다. 카메라 렌즈를 줌인 했다가 줌아웃 하는 것처럼 문법 공부에서도 숲과 나무를 오가며 퍼즐을 맞춰 나가야 합니다.

꾸준히 길게 공부하는 비결

둘째로, 차례를 활용하면 힘을 분배할 수 있습니다. 많은 학생들이 앞 챕터에 집중해 너무 꼼꼼히 읽다가 지쳐서 그만두곤 합니다. 예를 들어 수학은 1단원 집합만 새카맣고, 문법책은 be 동사만 몇 번씩 보게 되죠. 그러나 50미터 달리기와 마라톤을 할 때 달리는 방식이 다르듯이, 차례를 확인하며 힘을 분배하는 것이 중요합니다. 갈 길이 멀다는 것을 인식하면, 앞부분에서 힘을 빼고 최대한 오래 힘을 유지하게 됩니다.

저는 강의를 준비할 때마다 강의 앞에 차례를 배치합니다. 힘을 배분하는 능력은 강의를 하는 사람에게도 필요한 자질입니다. 학생들이 끝까지 힘이 빠지지 않도록 하는 것이 중요하기 때문입니다. 많은 강사들이 앞 챕터에서는 과도하게 자세하게 설명하고, 정작 중요한 뒷부분에서는 시간이 부족하거나 힘이 빠져 짧게 넘어가거나 심지어 생략하기도 합니다. 그러나 뒷부분의 내용이 더 중요한 경우도 많습니다. 차례를 보며 힘을 적절하게 유지하는 것은 누구에게나 중요한 자질입니다.

셋째로, 차례를 활용하면 끝까지 완주하는 데 원동력이 됩니다. 사람은 목표가 눈앞에 잘 보일수록 더 열심히 하게 됩니다. 나무들 사이에서 허우적대면 나아가는 것처럼 느껴지지 않아 근성을 잃을 수 있습니다. 그러나 차례를 보면 조금씩 앞으로 나아가고 있다는 것을 알 수 있어, 무기력을 방지하고 결국에는 끝에 도달할 수 있습니다.

더 읽어보기

중학교 때 문법 공부하는 요령

문법은 개별적으로 배울 때 그렇게 어렵지 않습니다. 현재 진행형, 과거형 같은 기본 개념은 이해하기 쉽고, 다소 복잡한 현재완료와 과거완료도 개념에 집중하여 설명하면 대부분의 학생이 이해할 수 있습니다. 문제는 여러 개념이 동시에 등장할 때 차이를 이해하고 적절하게 적용해야 하는 상황에서 생깁니다.

학교 영어 교육은 각 개념을 세분화하여 깊이 있게 배우는 데 초점이 맞춰져 있습니다. 하지만 중학교 문법을 공부할 때에 중요한 것은 문법의 전체적인 맥락과 구조를 정리하는 것입니다. 스스로 문법을 공부할 때에는 하나의 개념을 세세하게 파고들기보다, 여러 개념을 비교하고 내용을 전체적으로 파악하는 접근법이 효과적입니다. 이렇게 하면 학교 수업에서 세세한 내용을 배울 때 큰 도움이 됩니다.

문법 학습의 적절한 시기

문법의 큰 그림을 이해하기 가장 좋은 시기는 초등학교 6학년부터 중학교 2학년 사이입니다. 문법의 큰 그림을 조금이라도 알고 중학교에 들어가면, 중학교에서 배우는 내용을 보다 쉽게 소화할 수 있습니다.

요즘은 중학교 영어에 대한 걱정으로 초등학교 시절부터 문법을 준비하는 학생들이 많습니다. 하지만 중학교에 들어가서 문법을 정리해도 전혀 늦지 않습니다. 초등학교에서 의사소통과 영어 읽기를 통해 기본 실력을 쌓는 것이 문법의 재료가 되므로, 영어 문장에 대한 이해를 충분히 쌓지 않고 문법부터 하는 것을 추천하지 않습니다.

초등 시기에 영어를 많이 하지 않았다면, 영어를 더 접한 후 중학교 2학년 여름방학이나 겨울방학에 문법의 큰 틀을 정리하는 것을 추천합니다. 중학교 1학년 내신 범위는 상대적으로 좁기 때문에 문법 정리를 조금 늦게 시작해도 내신에 큰 영향을 미치지 않습니다. 늦어도 중학교 3학년 여름방학 이전에는 문법의 큰 그림을 완성하는 것이 바람직합니다.

문법 정리에 필요한 시간과 방법

문법을 정리하기 위해 중등 문법 전반을 2-3개월 정도 집중적으로 학습하는 것이 이상적입니다. 이 기간 동안 빠르게 2회독을 하고 여러 번 복습하는 방식으로 진행하면 효과적입니다. 시간이 너무 길어지면 큰 틀을 이해하기 어려워질 수 있으므로 짧고 집중적으로 학습하는 것이 중요합니다.

문법에만 집중하기 어렵다면 조금 더 긴 호흡으로 학년별 강의를 활용해 나눠 들을 수 있지만, 그 경우에도 3학년 강의까지 완강한 후에 빠른 호흡으로 문법 책을 1회독 하기를 추천합니다. 그래야 챕터들의 내용도 서로 비교하고 큰 맥락을 잡을 수 있습니다.

학원을 통해 문법을 공부할 수도 있지만, 최근에는 인터넷 강의를 활용하는 방법이 널리 사용되고 있습니다. 예를 들어 무료로 제공되는 EBS '중학프리미엄'이나 저렴한 가격으로 다양한 강의를 제공하는 '강남인강'이 있습니다. 이 외에도 여러 사설 플랫폼을 통해 우수한 강의를 접할 수 있습니다. 인터넷 강의는 이동 시간을 절약하고 비용을 줄이는 장점이 있어 활용하기 좋습니다.

문법 학습에서는 선생님과 직접적인 교류보다 체계적으로 지식을 전달받는 것이 더 중요합니다. 따라서 대형 강의나 온라인 강의로도 충분히 문법의 큰 그림을 완성할 수 있습니다.

강의를 고를 때는 자신이 선호하는 교재를 먼저 정한 후, 해당 교재와 연계된 강의가 있는지 확인하여 학습하는 것을 추천합니다.

교재 선정

교재를 선정할 때는 다음 요소를 고려하세요.

- 책의 구성(목차): 문법이 처음이라면 촘촘하게 구성된 교재가 유리합니다.
- 설명의 깊이와 자세함: 나의 수준에 맞는지 확인하고, 강의 활용 여부도 함께 고려하여 선택합니다.
- 연습문제의 양과 난이도: 내 목적에 맞는 유형의 문제를 담은 교재를 선택해야 합니다.

예를 들어 문법 학습이 처음이라면 많은 연습 문제와 촘촘한 목차로 구성된 '중학영문법 3800제' 시리즈가 적합합니다. 반면 기본적인 문법 개념을 이미 알고 있다면 조금 더 큰 틀에서 설명하는 교재를 선택해도 좋습니다.

문제 유형 역시 교재 선택의 중요한 기준이 됩니다. '중학영문법 3800제' 시리즈는 빈칸 채우기와 같은 단순 문제나 내신 대비 문제가 대부분인 반면, '중학 영어 쓰작' 시리즈는 서술형 문제와 쓰기 연습을 위한 문법 문제를 제공합니다.

공부의 목적과 자신의 현재 실력을 고려하여 교재를 선택해야 하며, 일단 선택한 교재가 있다면 해당 교재로 문법의 전 범위를 학습하기를 권장합니다. 교재별로 문법 내용의 순서가 다르기 때문에 중간에 교재를 변경하면 누락되는 부분이 생길 수 있습니다.

추천 교재

마더텅 편집부 지음, '중학영문법 3800제' 시리즈
NE능률 영어교육연구소 지음, '그래머 인사이드' 시리즈
능률영어교육연구소 외 지음, '그래머존' 시리즈
김기훈 외 지음, '천일문 중등' 시리즈
김기훈 외 지음, '중학 영어 쓰작' 시리즈
NE능률 영어교육연구소 외 지음, '중학영문법 총정리 모의고사' 시리즈

3장

완전 초보라면 단어부터

단어, 언어의 출발점과 종착역

단어는 언어에서 정말 신기한 존재입니다. 언어의 시작이자 끝과도 같은 느낌이에요. 아기들도 문장으로 말하기 전에 단어로 의사소통을 합니다. 우리가 외국에 나가서 말을 못 할 때도 단어 한두 개로 소통할 수 있습니다. 이러한 점에서 단어는 언어의 기본이라고 할 수 있습니다. 그래서 영어의 기초가 부족한 친구들에게는 우선 단어부터 채워 넣으라고 권장하고는 합니다.

그러나 단어는 고급 언어의 마지막 관문이기도 합니다. 지식인들이 멋지게 표현할 때 자주 사용하는 것이 바로 고급 어휘입니다. 이때 중요한 것은 단순히 어려운 단어를 쓰는 것이 아니라, 상황에 맞는 적절한 단어를 사용하여 의미를 효과적으로 전달하는 것입니다. 이를 위해서는 어휘력이 필요합니다.

따라서 단어 학습은 언어 학습의 가장 초급 단계부터 가장 고급 단계까지 계속됩니다. 어휘의 종류와 학습량, 학습자의 레벨에 따라 어휘를 학습하는 방식도 변화해야 합니다.

단계가 오를수록 어휘량이 급상승한다

영어 학습에서 어휘는 언제나 중요하지만, 특히 초등학교, 중학교, 고등학교를 넘어갈 때마다 학습량과 난이도가 껑충 올라갑니다.

초등학교에서 배우는 어휘는 주로 일상생활과 관련된 단어로 구성되어 있습니다. 단어 수도 많지 않고, 영어와 한국어 뜻이 일대일로 대응해서 의미가 어렵지 않습니다. 그러나 중학교에 들어가면 한국어 뜻과 일대일로 대응하지 않고, 맥락에 따라 다양한 의미를 이해해야 합니다. 고등학교에서는 추상적인 개념을 담고 있는 단어들이 등장하게 됩니다.

초등학교 과정에서는 약 800개의 단어를 배우고, 중·고등학교에서는 약 1,800개의 단어를 학습합니다. 수능에서 고득점을 목표로 한다면 5,500개 이상의 단어가 필요하며, 특히 비문학에서 사용하는 어휘는 별도의 학습이 필수적입니다. 점차 필요한 단어가 방대해지면서, 교과서에서 배우는 단어만으로는 부족하기 때문에 학교 교과 외에 추가적인 단어 학습이 반드시 필요합니다.

단어 교재를 선택할 때는 발음 기호, 한글 뜻, 자연스러운 예문이 있는지 확인하는 것이 중요합니다. 책의 구성은 비슷하므로 너무 깊게 고민하지 않고, 구성이 눈에 잘 들어오는 자기 스타일의 책을 선택하는 것이 좋습니다.

책의 난이도는 한 단원에서 내가 아는 단어가 약 30퍼센트 정도일 때 적절한 수준입니다. 예문이 너무 어려운 경우, 학습이 힘들어질 수 있으므로 예문은 반드시 이해할 수 있는 수준이어야 합니다. 내가 예문을 읽고 단어 뜻을 추측할 수 있는지를 기준으로 판단하면 됩니다.

추천 교재

초등 수준

A*List 편집부 지음, '200 Words you must know' 시리즈

Bricks R&D 지음, 'Bricks Vocabulary' 시리즈

NE능률 영어교육연구소 지음, '초등영어 단어가 된다' 시리즈

중등 수준

NE능률 영어교육연구소 지음, '주니어 능률 Voca 보카' 시리즈

'워드마스터' 시리즈

고등 수준

NE능률 영어교육연구소, '능률보카 수능 실전편' 시리즈

완전 초보라면 단어부터

영어 공부를 따로 하지 않았다면, 초등학교 3학년부터 영어 수업을 시작하게 됩니다. 막상 시작해 보면 초등학교부터 영어가 버거운 경우도 많습니다. 여러 가지 이유로 영어 진도가 뒤쳐질 수 있고, 영어는 생활환경에서 자연스럽게 배워지는 것이 아니라서 아이와 학부모가 모두 답답함을 느낄 수 있습니다. 이럴 때는 남과 비교하지 않고 서두르지 않으면서 꾸준히 실력을 쌓아 가는 것이 중요합니다. 시간이 더 걸릴 수 있지만, 지금부터 시작해도 충분히 따라잡을 수 있습니다.

영어는 기본이 부족할 경우 수업 내용을 이해하기 어렵습니다. 과학이나 사회 과목은 그날의 수업만으로도 기초를 쌓을 수 있지만, 영어는 알파벳과 단어의 기초가 없으면 문장을 읽을 수조차 없습니다.

영어는 외국어입니다. 외국어는 특히 초급 단계에서는 그 언어에 얼마나 노출되었는지에 따라 실력이 다를 수 있습니다. 그것이 그 사람의 타고난 실력이 아닙니다. 영어가 어렵다면 그것은 아직 영어를 많이 접해 보지 않은 것일 뿐이므로, 자신의 수준에서 시작해서 쌓아 가면 됩니다. 기초 단계에서 특히 접근하기 쉬운 공부는 단어입니다. 초급 수준의 학습자도 단어만큼은 쉽게 배울 수 있습니다.

초급 어휘는 이해나 논리가 필요하기보다 암기의 영역입니다. 초급 단계일수록 눈으로 볼 수 있는 사물을 가리키는 구체어부터 시작하고, 한국어로 일대응 대응이 가능한 단어부터 시작합니다. 영어 노출이 많지 않았더라도 간단한 단어를 익히는 데에는 큰 어려움이 없습니다. 지금 영어를 어떻게 시작해야 하는지 모르겠다면, 일단 단어를 많이 접해 보세요.

내 수준은 어떻게 찾을 수 있을까

어디서 시작할지 결정하기 위해서는 자신의 위치를 냉정하게 평가해야 합니다. 중학생이라는 자존심을 내려놓고 아래에서 내가 어디까지 할 수 있는지 확인해 봅시다.

1. 알파벳과 알파벳의 소리를 알고 있나요?

예를 들어 cat의 알파벳은 '씨-에이-티' 소리는 '캐-트'입니다. 다음 단어를 읽을 수 있는지 확인해 보세요.

bat, dog, fox

line, note, tree, cake, break

만약 전혀 읽을 수 없다면, 파닉스 공부가 필요합니다. 교재만으로 배우기 어렵고 파닉스 교재와 음원, 강의, 영상 자료를 이용해 글자와 소리를 같이 배워야 합니다. EBS에서 파닉스 강의도 쉽게 찾을 수 있으니 빠르게 배울 수 있습니다. 첫줄 단어들을 읽기 어렵다면 Phonics 1권부터 하면 되고, 첫줄 단어들은 읽을 수 있는데 둘째 줄 단어들을 읽기 어렵다면 Phonics 중에서 장모음 부분부터 시작하면 좋습니다.

위 단어들 중에 다섯 개만 읽을 수 있어도, 이미 중학생이라면 파닉스에 너무 많은 시간을 쏟지 않고 그냥 다음 단계로 넘어가길 권장합니다.

추천 교재 및 영상

EBS 초등 홈페이지, 'EBSe Touch! 초등 영어' 강의
유튜브, 'Alphablocks' 영상 시리즈
유튜브, 'Numberblocks' 영상 시리즈

2. 기초 영단어를 알고 있나요?

아래 단어 중 10개 이상의 단어를 알고 있다면 중등 단계로 넘어갈 준비가 되지만, 5개 이하라면 초등 단계 영단어부터 다시 보충하는 것이 좋습니다.

dinner, cloudy, tired, o'clock

thirsty, fix, dry, pencil

buy, build, bring, drink, have

기초 단어가 부족하다면, 문법에 욕심을 내기보다는 먼저 단어를 충분히 익히는 데 집중해야 합니다.

추천 교재

EBS 지음, 'EBS랑 홈스쿨 초등 필수 영단어' 시리즈
키 영어학습방법연구소 지음, '초등 영단어 단어가 읽기다' 시리즈
Scholastic 지음, '100 Words Kids Nedd to Read by 1st Grade'

3. 기초 문장을 알고 있나요?

I like apples.

This is my friend.

The cat is on the mat.

Can you help me?

I have a dog.

만약 단어는 알고 있지만 이 문장들이 어렵다면, 기초적인 영어 문장에 노출된 경험이 부족했을 가능성이 큽니다. 가장 기초적인 읽기 교재를 활용하여 문장과 어휘를 함께 접하는 것을 추천합니다. 이 단계에서는 기본적인 문장부터 체계적으로 접할 수 있도록 학습지를 이용하는 방법도 있습니다. 문장을 접하면 어휘도 늘어나고, 어휘를 사용하는 방법에 대한 이해도 높아질 것입니다. 간단한 글을 읽으면서 영어 실력을 튼튼히 쌓아 나갈 수 있습니다.

추천 교재

Bricks(사회평론) 지음, 'Bricks Reading 30' 시리즈
구몬학습, '구몬 영어'
대교눈높이, '눈높이 영어'

수준별로 어휘 공부하는 법

단어는 언어 학습의 모든 단계에서 필요합니다. 하지만 학습자의 수준에 따라 학습 방식이 달라야 합니다. 예를 들어 초급 단계에서는 자연스럽게 단어를 접하는 것도 괜찮지만, 고급 단계로 갈수록 의도적인 암기가 필요합니다. 특히 고등학교와 수능을 준비할 때는 단어 암기가 더욱 중요해집니다.

초급 공부는 이렇게

영어 학습을 이제 막 시작한 초급 학습자, 중학생이라도 영어 기초가 부족한 학생들은 고난도 어휘집보다 기본적인 단어부터 차근차근 익히는 것이 좋습니다. 자주 보면서 단어를 자연스럽게 접하고, 교재를 활용하더라도 읽기와 쓰기 활동을 병행하는 방식이 효과적입니다. 다음과 같은 방법을 추천합니다.

파닉스 교재

영어 읽기가 서툴 정도로 영어 기초부터 해야 하는 경우, 단어 교재를 바로 활용하지 않고, 'Smart Phonics' 시리즈와 같은 파닉스 교재를 통해 기본적인 소리와 철자 규칙을 익히고 파닉스 규칙이 적용되는 'dog', 'cat', 'cake' 같은 기초 어휘를 쌓을 수 있습니다. 이 단계의 단어들은 그림으로 충분히 뜻을 알 수 있어 영단어 발음하는 법을 배우면서 단어를 동시에 배울 수 있습니다.

초등 어휘 교재

파닉스 단계는 넘은 상태에서 기초 단어가 부족하다면 초등 어휘 교재로 시작하는 것이 좋습니다. 중학생이더라도 초등 수준의 단어가 부족하면, 초등 교재를 통해 빠르게 익히는 편이 좋습니다. 관련 단어들을 주제별로 묶어 그림과 함께 제시하는 교재를 활용하면, 빠르고 쉽게 익힐 수 있습니다. 단어만 나열된 것보다는 읽기, 쓰기 활동도 함께 하는 교재를 사용하면 영어감을 익힐 수 있습니다. 'EBS랑 홈스쿨 초등 필수 영단어' 시리즈, '초등 영단어 단어가 읽기다' 시리즈를 참고하세요.

추천 공부법

이 시기에는 단어를 눈으로만 익히기보다는 직접 써 보고 철자 연습과 받아쓰기를 병행하는 것이 좋습니다. 이를 통해 철자 규칙에 자연스럽게 익숙해질 수 있습니다.

그리고 영어 발음이 낯선 초급 단계에서는 단어를 듣고 따라하며 발음과 철자를 연결하는 연습이 중요합니다. 태블릿을 이용한 e-book이나 어학 펜을 활용한 학습 프로그램이 유용합니다.

초급 단계를 혼자하기 어렵다면, 강의를 따라가며 교재를 끝내는 것도 좋습니다. 'EBS랑 홈스쿨 초등 필수 영단어'와 같은 교재를 활용하면, 재미있는 캐릭터와 함께 단어를 배우고 무료 강의를 통해 문장 연습도 할 수 있어 학습의 흥미를 높일 수 있습니다. 그 외에도 EBS에서 제공하는 여러 강의를 통해 영어의 기초를 다질 수 있습니다.

고급 공부는 이렇게

고급 학습자는 이미 영어 감각과 문해력이 어느 정도 갖추어져 있으므로, 문해력을 뒷받침할 수 있는 많은 양의 단어를 빠르게 암기하는 것이 중요합니다. 이 단계에서는 영단어를 채우는 만큼 문해력도 바로 성장합니다.

중학교 이상의 단어는 단순한 그림이나 기초적인 설명으로는 의미를 파악하기 어렵고, 예문을 통해 단어의 뉘앙스와 용례를 익히는 것이 필요합니다.

추천 공부법

철자나 받아쓰기와 같은 부수적 활동은 이제 생략하고, 영단어와 그 뜻(한글 뜻 + 뉘앙스)을 잘 암기하는 것에 집중합니다. 더 이상 단어를 위한 강의는 의미가 크지 않으며, 자신에게 맞는 어휘 교재를 활용해 많은 양의 단어를 예문과 함께 배우고 여러 차례 반복하는 편이 훨씬 효율적입니다. 한 단어를 꼼꼼히 보는 것보다 효율적으로 많이, 의미 위주로 암기하는 것이 도움이 됩니다.

딘이 교재는 크게 다르지 않으나, 자신이 편하게 읽을 수 있는 예문이 제공되는 단어장을 추천합니다. 책에 나온 모든 단어를 다 외울 수 있겠다는 생각이 드는 수준의 책을 고르면 되겠습니다.

추천 교재

NE능률 영어교육연구소 지음, '주니어 능률 VOCA 보카' 시리즈
박혜란 외 지음, '워드마스터' 시리즈
해커스어학연구소 지음, '해커스 보카' 시리즈
안용덕 지음, '우선순위 영단어' 시리즈

중급 이상 학습자를 위한 최고 효율 암기법

어떤 친구들은 암기가 진정한 공부가 아니라고 생각하기도 합니다. 하지만 언어 학습의 기본을 돌아보면, 많은 단어를 듣고 외우는 과정이 필수라는 것을 알 수 있습니다. 어린아이가 말을 배울 때에도 단어를 반복해서 접하다 기억하고 이해해서 사용합니다. 외국어만 단어를 배워야 하는 것이 아닙니다. 영어가 모국어인 미국 고등학생들도 SAT라는 수능과 비슷한 시험을 대비할 때 고난이도 단어를 암기합니다. 이처럼 단어 학습은 언어의 레벨을 올리고자 하는 모두에게 필요합니다.

단어를 잘 암기해 두면 중학교와 고등학교 영어 시험뿐만 아니라 수능, 토익, 토플, SAT 등 다양한 영어 시험에서 큰 도움이 됩니다.

그렇다면 구체적으로 어떻게 하면 효과적으로 단어를 암기할 수 있을까요? 지금 소개하려는 암기 요령은 초급 학생에게는 추천하지 않습니다. 중학교 수준에 도달하여 수업을 따라갈 정도로 영어 감이 있는 상태에서 많은 단어를 외워 도약하고 싶은 친구들이 사용하면 좋은 방법입니다.

1일차
: 계획 세우기, 단어 25개 외우기 (소요 시간 30-50분)

0단계: 계획 세우기

먼저 사용할 교재와 목표 기간을 정하세요. 예를 들어 방학 중에 20일 동안 '500단어 보기'와 같은 단기 목표를 설정할 수 있습니다. 전체 학습 분량을 목표 일수로 나누어 하루치 분량을 정합니다. 예를 들어 500단어 교재를 20일에 끝내기로 했다면, 하루 25단어를 학습 분량으로 정합니다.

하루 학습 분량 = 전체 학습 분량 / 목표 기간

500단어 교재를 20일에 끝내는 목표로 아래와 같이 학습해 볼 수 있습니다. 여기서 기억할 것은 학습 시간은 최소화하고, 복습이 핵심이라는 것입니다.

1단계: 아는 단어와 모르는 단어 구분하기

가장 집중이 필요한 단계이지만 많은 시간을 할애하진 않습니다. 집중해서 각 단어에 1-2분 정도만 할애하세요.

1. 영어 단어 읽기: 단어 목록을 펼쳐 한 단어씩 소리 내어 읽습니다.
2. 체크 표시하기: 처음 보거나 뜻이 기억나지 않는 단어 앞에 체크 표시를 합니다.
3. (이제부터 체크 표시된 단어만) 발음 확인: 발음기호를 참고해 소리 내어 읽고, 읽는 법을 모르겠는 경우 전자기기를 활용해 발음을 확인합니다.
4. 뜻 확인: 단어의 한국어 뜻을 확인합니다.
5. 예문 읽기: 예문을 통해 단어의 어감을 파악합니다.
6. 암기 시도: 위 단어들을 눈으로 읽으며, 단어와 뜻을 최대한 기억해 보려고 노력합니다.

2단계: 체크된 단어 다시 보기 (소요 시간 최대 5분)

1. 체크된 단어만 다시 읽기: 1단계에서 체크된 단어만 집중적으로 봅니다.
2. 발음 연습: 단어를 소리 내어 다시 읽고, 읽는 법을 모르겠는 단어는 다시 확인합니다.
3. 뜻 확인+ 추가 체크하기: 영단어만 보고 뜻이 바로 떠오르는지 확인하고, 기억나지 않는 단어는 추가로 체크합니다(VV).
4. 예문 읽기: 체크한 다음 체크된 단어의 뜻과 예문을 다시 읽어봅니다.
5. 암기 시도: 위 단어들을 눈으로 읽으며, 단어와 뜻을 최대한 기억해보려고 노력합니다.

3단계: 두 번 체크된 단어 집중 암기 (소요 시간 최대 2분)

1. 집중 암기: 두 번 체크된 단어들을 중심으로 암기합니다.
2. 뜻 확인 추가 체크하기: 영단어만 보고 뜻이 바로 떠오르는지 확인하고, 기억나지 않는 단어는 추가로 체크합니다(VVV).
3. 예문 읽기: 체크한 다음 체크된 단어의 뜻과 예문을 다시 읽어봅니다.

4. 암기 시도: 위 단어들을 눈으로 읽으며, 단어와 뜻을 최대한 기억해 보려고 노력합니다.

4단계: 암기장 만들기

세 번 이상 체크된 단어는 작은 암기장에 따로 적습니다. 주머니에 넣을 수 있는 작은 크기가 좋습니다. 영어 단어와 뜻을 따로 적고, 뜻 부분이 접히게 해서 영단어만 볼 수 있도록 만들어 주세요.

2일차
: 단어 25개 외우기, 1일차 단어 25개 복습하기

5단계: 틈새 시간을 활용한 암기 (1-2분씩 틈날 때마다)

학원에서 대기할 때, 점심 먹고 할 일 없을 때, 잠깐 암기장을 꺼내어 단어를 외웁니다. 역시 영단어만 보고 뜻이 떠오르지 않으면, 단어 앞에 체크표시(V)를 추가하고 뜻을 확인합니다. 그다음 볼 때는 가장 표시가 많이 된 단어를 위주로 봅니다.

6단계: 반복과 점검

이 과정을 틈틈이 반복하면서 모르는 단어를 줄여 나갑니다. 외워졌다 싶으면 줄을 그어 지우세요. 뜻이 떠오르지 않으면 체크를 더합니다.

7단계: 주기적으로 전체 점검 (총 125단어, 소요 시간 10분 내외)

일주일에 한 번 정도 전체 교재를 빠르게 점검합니다. 빠른 시간 내에 교재를 다시 훑어 보는 것이 핵심입니다.

1. 뜻 확인, 추가 체크하기: 아는 단어는 2초 내에 넘어가고, 모르는 단어는 파란색으로 체크합니다.
2. 암기장 작성: 파란색으로 체크된 단어만 암기장에 적어 5-6단계를 반복.

이 방법의 핵심은 앉아서 암기하는 데 들이는 시간은 최소화하고, 짬짬히 자주 반복하는 것입니다. 특히 손으로 쓰는 것은 거의 없이 눈으로 확인하고 체크 표시만 하는 것이 포인트입니다. 1단계에서만 교재 내용을 정독하고, 이후에는 계속 반복하여 단기 기억에 있는 단어를 장기 기억으로 저장합니다. 방법은 단순하지만, 단어를 장기 기억에 저장하는 가장 효율적인 방식입니다.

실제로 영어에서 높은 점수를 받는 많은 학생들이 이 암기 전략을 사용하는 것을 볼 수 있습니다. 여러분은 이 전략을 지금 알게 된 덕분에 효율적인 방법으로 바로 공부할 수 있으니 많은 시간을 절약한 셈입니다.

타고난 기억력은 반복으로 충분히 극복할 수 있습니다. 세 번에 안 되면 네 번 보고, 다섯 번 보면 됩니다. 이 방식은 따로 시간을 많이 들이지 않고도 자투리 시간을 활용해 자주 반복할 수 있어 매우 효율적입니다. 영단어 학습만큼은 이 방법을 통해 최고의 효율을 달성하기 바랍니다.

중학교 단어부터 예문이 필요한 이유

중학교에서는 본격적으로 많은 양의 단어를 암기합니다. 초등학교 때는 사과(apple), 나무(tree) 같은 구체적인 단어를 배웠지만, 중학교에서는 좀 더 추상적인 단어들을 다룹니다. 예를 들어 'fear'는 한국어로 두려움 또는 공포를 의미하지만, 뜻만 알아서는 암기하고 적용하기가 쉽지 않습니다. 이때부터는 단어를 배우는 데 있어서 예문의 중요성이 커집니다.

예문이 없으면 단어의 뜻을 아무리 자세히 설명해도 막연합니다. '공포', '두려움', '무서움'은 모두 불안과 관련된 감정이지만, 강도와 맥락에 따라 다르게 사용됩니다. 이 단어들의 차이를 살펴보면 아래와 같습니다.

공포: 특정 상황에 대한 불안이나 걱정을 의미하며, 주로 미래나 불확실한 상황에서 느끼는 심리적 불안입니다.

두려움: 특정 대상에 대해서 느끼는 감정이며, 심리적 불안을 나타냅니다.

무서움: 특정한 대상이나 상황에서 느끼는 감정으로, 순간적인 불안을 나타냅니다.

설명은 어려운 반면 예문을 통하면 쉽게 이해할 수 있습니다.

공포: "그는 칼을 든 강도를 보고 공포에 질렸다."

두려움: "면접을 앞두고 실수할까 봐 두려움이 앞섰다."

무서움: "혼자 어두운 골목길을 걷는 게 너무 무서웠다."

영어에서도 비슷한 감정을 나타내는 단어들이 많습니다. 설명을 해보자면 fear는 일반적인 두려움, terror는 극심한 공포, fright는 순간적인 두려움, anxiety는 미래에 대한 불안감을 나타냅니다. 예문을 보면 더 쉽게 와 닿습니다.

"Shc has a fcar of hcights."

"The villagers were in terror as the storm approached."

"The loud noise gave me a fright."

"She feels anxiety before every exam."

예문은 단어를 암기할 때 중요한 도구입니다. 예문을 반복해서 읽어 보면, 단어의 느낌과 의미를 자연스럽게 체득할 수 있습니다. 따라서 단어를 외울 때는 발음과 의미를 확인하고, 예문을 통해 그 단어가 어떻게 쓰이는지 이해하는 것이 중요합니다.

영단어와 한국어 뜻만 보면 암기도 어렵고 문장에서 해석이 안 될 때가 있습니다. 그러나 예문을 통해 의미를 자연스럽게 익히면, 한국어 뜻이 정확히 기억나지 않더라도 나중에 문맥 속에서 이해할 수 있게 됩니다. 우리의 목표는 번역이 아닌 독해입니다. 이를 위해서는 한국어 뜻을 단순히 외우기보다 단어의 의미를 문맥 속에서 이해하는 것이 더 도움이 됩니다.

영단어, 발음도 잊지 말고!

이 내용은 특히 초중급 단계의 학습자에게 해당되는 이야기이지만, 누구든지 상식적으로 알아두면 좋을 내용입니다. 바로 영단어 발음의 중요성입니다. 이때 발음은 원어민 같은 발음을 의미하는 것이 아니라, 정확한 발음 규칙에 따라 읽는 것을 의미합니다. 예를 들어 'musician'을 '뮤지컨'이 아니라 '뮤지션'으로 읽는 것처럼요.

영단어 교재에는 다양한 정보가 나열되어 있는데, 영단어를 처음 접할 때는 발음을 가장 먼저 확인하는 것이 중요합니다. 발음을 먼저 확인한 후, 한국어 뜻과 예문 순으로 확인하면 됩니다.

왜 발음을 먼저 확인해야 할까요? 영어 단어는 철자만 보고 발음을 알기 어려운 경우가 많습니다. 영어는 철자와 발음이 항상 일치하지는 않기 때문에, 발음을 먼저 확인하는 습관이 필요합니다.

한글과 알파벳의 차이

한글은 소리와 철자가 일치하는 과학적인 문자 체계입니다. 처음 보는 단어라도 철자만 보고 누구나 발음할 수 있죠. 예를 들어 '양자역학'이나 '치환' 같은 단어도 쉽게 읽을 수 있습니다. 하지만 영어 알파벳은 다양한 언어의 영향을 받아 발음 규칙이 복잡합니다. 예를 들어 같은 'ea'라도 발음이 다릅니다.

head (발음: 헤드 /hɛd/)

heart (발음: 하트 /hɑːrt/)

great (발음: 그레이트 /greɪt/)

'gh'가 들어간 단어들도 발음이 다릅니다.

tough (발음: 터프 /tʌf/)

through (발음: 쓰루 /ðoʊ/)

ghost (발음: 고스트 /goʊst/)

이처럼 영어 알파벳은 같은 철자도 발음이 다를 수 있으므로, 발음을 먼저 확인하는 습관을 들이는 것이 좋습니다.

영어의 철자와 발음, 특히 모음이 다른 데에는 역사적인 이유가 있습니다. 영어는 라틴어, 프랑스어 등 다양한 언어의 영향을 받으며 변화해 왔습니다. 새로운 단어가 들어올 때 기존의 발음 규칙과 맞지 않는 경우가 생겼습니다. 그리고 오랜 시간이 지나면서 '모음 대이동(Great Vowel Shift)'이라 불리는 현상이 발생하여 영어의 모음 발음이 모두 변화했습니다.

제가 미국 대학교에서 교환학생으로 공부할 때, 명문 대학교의 학생들조차 어려운 전공 서적을 읽을 때 처음 보는 단어의 발음을 확인하는 모습을 보았습니다. 그리고 원어민들끼리 명함을 교환할 때도 생소한 last name의 발음을 물어보는 것은 예의였습니다. 처음 보는 단어를 읽기 어려운 것은 자연스러운 일입니다.

처음 영어를 배울 때는 알파벳과 파닉스를 배우지만, 중학교에 들어서면 단어가 길어지면서 철자와 발음이 다른 단어들이 무척 많이 등장합니다. 예를 들어 'comfortable'은 철자만 보고 'table'을 아는 사람이 '컴포테이블'이라고 읽기 쉽지만, 실제 발음은 '컴퍼터블'입니다. 한두 개가 아닐 거예요.

발음을 확인하는 방법

1. 전자 사전 활용하기: 요즘은 스마트폰, 전자사전, 어학 펜 등을 통해 쉽게 발음을 확인할 수 있습니다. 네이버 영어 사전에서도 발음을 들을 수 있어 매우 편리합니다. 하지만 기기만으로 발음을 듣는 데에는 한계가 있습니다. 특히 영어 발음에 익숙하지 않은 학생은 장모음과 단모음의 구별이나 강세 위치를 듣기만으로 파악하기 어려울 수 있습니다. 또한 매번 발음을 기기로 확인하는 데 시간이 많이 걸릴 수 있습니다.
2. 발음기호 익히기: 발음 기호는 영어 단어의 발음을 정확히 표기합니다. 예를 들어 우리가 잘 아는 comfortable의 발음기호는 /kəmfərtəb(ə)l/입니다. 발음기호를 보면 강세 위치와 정확한 발음을 알 수 있습니다.

발음기호를 활용하면 빠르게 발음을 확인할 수 있어서 익

기호(모음)	발음	예시
/iː/	이	see, tree
/ɪ/	이	sit, bit
/æ/	애	cat, man
/ɛ/	에	bed, head
/ɑː/	아	car, father
/ʌ/	어	cup, luck
/ɔː/	어	cross, long
/ʊ/	우	put, foot
/uː/	우우	blue, food
/oʊ/	오우	go, no
/aʊ/	아우	how, now
/ɔɪ/	오이	boy, toy
/ɪə/	이어	ear, dear
/eə/	에어	air, care
/ʊə/	우어	sure, poor

발음기호 모음 표

혀 두는 것을 추천합니다. 아래에 발음 기호와 한국어 발음, 예시 단어를 대응한 표를 실었으니 참고하면 도움이 될 것입니다. 발음 기호는 직관적이어서, 모음 부분을 몇 번 훑어보고 자주 쓰이는 발음부터 보다 보면 쉽게 익힐 수 있습니다.

3. 발음 연습하기: 전자사전이나 발음기호를 통해 확인한 후, 각 단어를 두세 번 소리 내어 읽어보세요. 완벽한 발음을 목표로 하기보다는, 발음의 차이를 확인하고 익히는 것이 중요합니다. 그다음 단어 학습을 계속하면 됩니다.

영어 단어의 발음은 불규칙해 보이지만, 공부하면서 규칙성을 발견할 수 있습니다. 발음 기호에 익숙해지면, 나중에는 기기를 사용하는 것보다 빠르고 효율적으로 단어를 익힐 수 있게 될 거예요.

더 읽어보기

고급 단계라면 영영사전에 도전해 보자

어휘 학습은 학습자의 수준에 따라 방법이 달라야 효과적입니다. 초급 단계에서는 주로 일대일로 대응하는 한국어 뜻을 익히는 게 일반적입니다. 예를 들어 단어 'car'의 의미를 배우는 초급 학습자에게는 영영 뜻풀이나 예문보다 '자동차'라는 뜻 하나를 제공하는 것이 좋습니다.

중급 단계에서는 한국어 뜻뿐만 아니라 단어가 사용된 예문을 함께 제시하는 것이 효과적입니다. 언어 수준이 높아질수록 단어의 뉘앙스에 대한 이해가 필요하기 때문입니다. 중급 학습자들은 단어가 문장에서 어떻게 쓰이는지 파악할 수 있으며, 이를 통해 의미를 더 풍부하게 이해하게 됩니다. 예를 들어 'accelerate'의 의미를 배울 때 단순히 '가속하다'라는 번역된 뜻만 보는 것보다는, "The car accelerated quickly on the highway"라는 예문을 함께 보면 단어의 실제 맥락을 더 쉽게 이해할 수 있습니다.

하지만 고급 단계로 넘어가면 이제 영어 정의를 사용한 영영사전에 도전해 볼 필요가 있습니다. 이는 단어의 뉘앙스와 관련된 세부적인 의미를 깊이 있게 이해하고, 더 나아가 영어 자체로 사고하는 능력을 키우는 데 도움을 줍니다. 고급 학습자에게는 영영사전이 단어를 이해하는 새로운 관점과 사고방식을 제공합니다.

영영사전의 장점과 단점
: 전략이 필요하다

고급 단계에서 영영사전을 사용하면 단어의 정의를 영어로 직접 이해하게 됩니다. 예를 들어 'car'의 영영사전 정의는 "a vehicle that has four wheels and an engine and that is used for carrying passengers on roads"입니다. 이 정의는 단순히 '자동차'라고 번역하는 것보다 더 어렵지만, 더욱 구체적이고 풍부한 정보를 제공합니다. 고급 학습자라면 'car'의 정의에 'vehicle'

이라는 단어가 등장하면서, 자연스럽게 교통수단이라는 더 추상적인 단어와 연결해서 사고할 수 있는 기회를 얻습니다. 이는 단순히 단어의 뜻만 학습하는 것이 아니라, 관련된 개념을 익혀 단어의 의미를 확장하게 돕습니다.

여기에 더해 영영사전을 사용하면 번역 과정을 생략하고 영어 자체로 사고하는 능력을 키울 수 있습니다. 이는 특히 고급 학습자에게 중요한데, 수능이나 토플 같은 시험에서는 영어를 직독직해하는 능력이 필수적이기 때문입니다. 영영사전은 영어 정의를 직접 읽고 이해함으로써, 원어민식 사고방식을 익히게 돕습니다.

예를 들어 'accelerate'를 '가속하다'가 아니라 영영사전의 정의인 'move faster'로 배운다면, 그 단어를 더 자연스럽고 빠르게 이해할 수 있게 됩니다. 이 과정에서 영어로 사고하고 문맥에 맞는 해석을 즉각적으로 할 수 있기 때문에 독해 속도와 정확도가 모두 향상됩니다. 특히 비문학 지문이나 긴 독해에서 이러한 능력은 큰 도움이 됩니다.

하지만 영영사전에는 한 가지 어려움이 있습니다. 정의 안에 모르는 단어가 또 등장할 가능성이 있다는 것입니다. 예를 들어 'car'의 정의에서 'vehicle'이라는 단어를 처음 접하는 경우, 그 단어를 다시 찾아보아야 하는 상황이 발생할 수 있습니다.

이러한 경우, 모든 단어를 찾아가며 학습하는 것은 비효율적일 수 있습니다. 따라서 학습 목표와 시간에 맞춰 효율적으로 공부하는 것이 중요합니다. 즉, 모르는 단어를 찾아보는 것도 중요하지만, 학습 시간을 관리하는 것이 우선입니다. 필요한 경우에는 중요한 단어만 추가적으로 학습하고, 이해가 어려우면 한국어 뜻을 사용하는 방식으로 학습 방식을 조정하는 것이 바람직합니다.

단어집 활용하기

영영사전 학습에 도전하고 싶다면, 전통적인 사전을 사용하는 방법도 있지만 영영 정의가 포함된 단어집을 활용하는 것도 매우 효과적입니다. 예를 들어 'Bricks Vocabulary' 2300 이상이나 'Reading for Vocabulary' 같은 교재들은 영영 정의와 함께 예문이나 지문을 제공하여 학습자가 보다 쉽게 뉘앙스와 맥락을 파악할 수 있게 돕습니다. 'Bricks Vocabulary'는 한글 뜻과 영영 뜻풀이를 둘 다 제공하고, 'Reading for Vocabulary'는 해당 단어가 사용된 짧은 지문이 있어 단어 학습에 활용할 수 있습니다.

이러한 교재로 단어를 학습하면, 사전적 정의뿐만 아니라 해당 단어가 실제로 어떤 맥락에서 사용되는지도 함께 익힐 수 있어 보다 효율적입니다. 이런 교재도 한국어 뜻 대신 영어 뜻으로 90쪽에서 설명한 암기법을 적용해서 반복 학습할 수 있습니다. 정해진 규칙이 있는 것은 아니므로, 자신에게 맞는 교재와 암기법으로 변형해 가면서 자신만의 공부법을 찾아가면 좋겠습니다.

4장

결국 다다라야 할 목표,
독해

독해는 장기전이다

수능 영어는 우리나라 교육 과정에서 매우 중요한 위치를 차지하고 있습니다. 수능은 단순한 시험이 아니라, 12년간의 영어 학습을 평가하는 마지막 단계이자 대학에서 공부할 역량을 검증하는 중요한 기준입니다. 수능에서 필요한 주요 역량 중 하나가 바로 독해 능력입니다.

수능 영어는 총 45문제 중 17문제가 듣기 문제로 구성되어 있지만, 듣기 문제는 비교적 쉬운 난이도로 출제되는 반면 나머지 28문제는 독해 문제로 높은 난이도를 자랑합니다. 수능 영어의 변별력은 결국 독해에서 결정되므로, 수능 영어는 독해 중심의 시험이라고 할 수 있습니다.

수능 영어에서 독해의 중요성

수능 영어의 독해 문제는 지문을 읽고 내용을 정확히 이해하고 이를 토대로 빈칸을 채우거나 글의 흐름을 파악하는 등 고차원적인 능력을 요구합니다. 이를 위해선 긴 문장을 빠르게 읽고 의미를 정확하게 이해하는 능력이 필요합니다.

궁극적으로는 독해 능력이 시험의 핵심입니다. 듣기 문제조차도 주어진 문장을 정확히 해석하고 의미를 파악해야 풀 수 있기 때문입니다. 결국 수능은 독해 능력이 결정적인 요인이 됩니다.

수능 영어가 절대평가로 전환된 이후에도, 영어는 여전히 정시와 수시에서 중요한 과목입니다. 정시에서 상위권 학생들에게는 1등급이 필수입니다. 수시에서도 영어의 중요성은 커지고 있습니다. 내신에서 영어 성적이 차지하는 비중이 크고, 학년이 올라갈수록 학교 시험 문제가 수능과 유사한 형태로 출제됩니다. 이는 학생들이 수능과 내신을 동시에 대비할 수 있도록 돕는 방법입니다. 특히 내신에서 수능과 마찬가지로 교과서 밖 지문을 추가하여 문해력을 평가하는 경향이 강합니다. 따라서 장기적으로 독해 실력을 꾸준히 키우는 것이 내신과 수능 모두에서 성공적인 성과를 거두는 중요한 전략입니다.

어휘와 문법은 독해를 보조한다

독해 능력을 높이기 위해서는 어휘와 구문(문법) 이해가 필수적입니다. 독해를 잘하기 위해서는 많은 단어를 알아야 하고, 문장의 구조를 빠르게 이해할 수 있어야 합니다. 익숙하지 않은 단어가 나오거나 복잡한 문장을 만났을 때, 어휘력이 부족하면 문장의 의미를 파악할 수 없습니다. 반면 어휘를 충분히 알고 있다면 지문을 빠르고 정확하게 해석할 수 있습니다.

문법과 구문 분석도 독해의 중요한 부분입니다. 영어 문장은 한국어와 어순이 다르기 때문에, 영어 문장을 해석하기 위해서는 문법적인 구조를 잘 파악해야 합니다. 주어, 동사, 목적어가 어떤 순서로 배치되는지, 수식어는 어디에 위치하는지를 빠르게 분석하는 능력은 독해에서 큰 차이를 만들어냅니다. 특히 수능 영어는 복잡한 문장 구조가 많이 등장하는데, 구문 분석 능력이 없으면 긴 문장의 의미를 제대로 이해하기 어려울 수 있습니다.

이 때문에 우리는 중학교 때부터 어휘와 문법을 학습하며 이를 독해에 적용하는 법을 배우게 됩니다. 어휘와 문법 공부로 단순히 끝내는 것이 아니라, 이를 독해에 어떻게 적용할지를 염두에 두고 공부해야 합니다. 목표 없이 어휘와 문법을 학습하면 학습 범위가 불필요하게 넓어지고 비효율적인 공부가 될 수 있습니다. 따라서 어휘와 문법 학습의 궁극적인 목표를 독해에 두어야 하며, 이를 바탕으로 적절한 범위와 깊이를 설정해야 합니다.

결론적으로 중고등학교 영어 공부의 궁극적인 목표는 독해력, 즉 문해력을 향상시키는 것입니다. 수능 영어는 독해 능력을 평가하는 시험이며, 독해 능력은 어휘와 구문 이해력이 뒷받침되어야만 완성됩니다.

학생들이 꾸준히 독해 실력을 쌓아나가면 수능은 물론 내신에서도 좋은 성적을 거둘 수 있을 것입니다. 나아가 대학 생활에서 학문적인 글을 이해하고, 취업과 사회생활을 하는 데도 영어 문해력은 중요한 경쟁력이 될 것입니다. 따라서 중고등학교 영어 학습의 초점을 독해에 맞추고, 장기적인 계획을 세워 꾸준히 연습하는 것이 필수적입니다.

독해 난이도가 급상승한다

중학교에 입학하여 마주하는 영어 교과서를 보고 생각보다 쉬운 난이도에 학생이나 학부모나 학교 영어를 쉽게 생각하곤 합니다. 하지만 학년이 올라갈수록 교과서 영어의 난이도는 급격히 상승합니다. 이번 장에서는 교과서 지문을 통해 독해 난이도가 어떻게 변화하는지 직접 확인해 보겠습니다. 중학교 1학년 때는 매우 쉬운 글로 시작하지만, 시간이 지남에 따라 문장이 복잡해지며, 수능 영어에서는 정말로 길고 복잡한 문장을 다뤄야 합니다. 실제로 예시를 보며 살펴보겠습니다.

▷ 중학교 1학년 지문 (예시)

I'm Jihun.

My best friend is Minsu.

Minsu and I love rock music.

We are members of the school band Rock It.

I play the guitar, and Minsu plays the drums.

We are not good players, but we have so much fun together.

이 1학년 지문은 주어 동사 목적어로 이루어진 단순한 구조이며, 어휘와 간단한 문법 이해에 초점이 맞춰져 있습니다. 독해보다는 영어 문장의 기본을 익히는 단계입니다.

▷ 중학교 3학년 지문 (예시)

Pacers in a Marathon: Pacers run with other runners and lead them in a marathon. Pacers are experienced runners, and their job is to help other runners manage their race better.

3학년이 되면 문장의 길이와 복잡성이 확연히 증가합니다.

어휘만 이해하는 것을 넘어, 문장을 긴 호흡으로 읽고 문단 단위로 내용을 파악하는 능력이 요구됩니다.

▷ 고등학교 1학년 모의고사 지문 (예시)

A group of psychologists studied individuals with severe mental illness who experienced weekly group music therapy, including singing familiar songs and composing original songs. The results showed that the group music therapy improved the quality of participants' life, with those participating in a greater number of sessions experiencing the greatest benefits.

▷ 수능 지문 (예시)

It used to be thought that Neanderthals were dim-witted, slouching cavemen completely covered with hair. But this reputation is based on just one fossil, which modern scholarship has proved happens to be that of an old, diseased, and injured man.

수능에서는 더 복잡한 문장 구조와 깊이 있는 내용이 등장합니다. 단순한 문법이나 어휘 학습만으로는 부족하며, 심화된 독해 능력이 필요합니다.

독해의 난이도는 빠르게 상승하며, 수능에서는 독해 능력이 핵심적인 평가 요소로 작용합니다. 따라서 우리는 점점 더 어려운 지문을 이해하는 능력을 꾸준히 길러야 합니다. 단순히 교과서 지문을 반복하는 것에 그치지 않고, 낯선 글을 빠르게 파악하는 능력도 훈련해야 합니다.

중학교 1학년 지문을 보면 영어에 어느 정도 익숙한 학생들은 쉽게 느낄 수 있습니다. 하지만 그렇게 방심하다 보면, 중학교 3학년에 들어가며 갑자기 버겁게 느낄 수 있습니다. 앞으로 경험할 난이도를 정확히 알고, 중학교에 입학하는 지금부터 꾸준히 체계적으로 영어 독해력을 기를 준비를 해야 합니다.

독해의 핵심 1, 끊어 읽기

복잡한 문장을 정확히 이해하는 것은 영어 독해에서 중요한 기술 중 하나입니다. 특히 수능과 같은 시험에서는 긴 문장이 빈번히 등장합니다. 여기서 긴 문장이라고 하면 단순히 단어 수가 많은 문장을 의미하는 것이 아닙니다. 형용사, 부사, 접속사, 관계대명사, 관계부사, 분사 등 다양한 문법 요소가 혼합되어 복잡한 구조를 이루는 문장을 말합니다. 이런 문장을 빠르게 이해하기 위해서는 끊어 읽기가 중요합니다. 왜 그런지 아래에서 살펴볼게요.

끊어 읽기의 중요성

한국어 문장 하나를 살펴보겠습니다.

> 돌로미티는 이탈리아 트렌티노알토아디제, 베네토, 프리울리베네치아줄리아주에 걸쳐있는 산지인데 이곳을 탐사한 광물학자 데오다 그라테 드 돌로미외에서 유래된 이름이다. 돌로미티에 오면 보통 볼차노, 오르티세이, 코르티나담페초에서 머물며, 발 가르데나, 알페 디 시우시, 발 디 파사, 알타 푸스테리아와 벨라 담페초, 트레 치메 등의 지역을 둘러보기도 한다.

티브이에서 배우들에게 이렇게 긴 문장을 빠르게 읽으라는 미션을 주었는데요. 글자만 볼 때에는 너무 이상한 글 같았는데, 배우들이 이 글을 적당한 곳에서 쉬면서 읽는 모습이 인상적이었습니다. 그래서인지 어렵지 않게 성공했고, 듣는 저도 문장 의미를 어렵지 않게 이해할 수 있었습니다.

> 돌로미티는 / 이탈리아 트렌티노알토아디제, 베네토, 프리울리베네치아줄리아주에 걸쳐있는 산지인데 / 이곳을

탐사한 / 광물학자 데오다 그라테 드 돌로미외에서 유래된 이름이다. / 돌로미티에 오면 / 보통 볼차노, 오르티세이, 코르티나담페초에서 머물며, / 발 가르데나, 알페 디 시우시, 발 디 파사, 알타 푸스테리아와 / 벨라 담페초, 트레 치메 등의 지역을 둘러보기도 한다.

적당한 곳에서 끊어서 읽으니 문장 이해가 한결 쉽습니다. 끊어 가며 앞에서부터 이해하는 방식은 원어민이 모국어의 긴 문장을 이해하는 자연스러운 방식입니다. 한국어에서는 조사가 있어서 문장의 흐름을 자연스럽게 따라갈 수 있지만, 영어 문장에서는 순서로 단어의 역할이 결정되기 때문에 어디서 끊어 읽을지를 잘 찾아야 합니다.

문장을 끊어 읽기 할 때 정해진 규칙은 없습니다. 실력이 늘수록 더 긴 호흡으로 덜 끊어 읽을 수 있습니다. 문장 안에서 의미 단위의 사이를 끊으면 되는데, 영어 문장을 끊어 읽기에 좋은 표식을 몇 가지 소개합니다.

- 쉼표
- 접속사(conjunction) 앞
- 전치사구(전치사 + 명사)

- 분사구문
- that절, what절
- 주어가 길면 동사 앞

예문을 들어 연습해 볼게요.

The cat, which had been sleeping on the couch all day, woke up suddenly when the doorbell rang.

이 문장을 다음과 같이 쉼표, 관계대명사(which), 접속사(when)에서 끊어 읽을 수 있습니다.

The cat, / which had been sleeping on the couch all day, / woke up suddenly / when the doorbell rang.

해석: 고양이/ 소파에서 하루 종일 자고 있던/ 갑자기 깨어났다/ 초인종이 울리자

우리말과 순서가 다르지만, 굳이 우리말 문장으로 정리하지 않아도 끊어 읽기를 통해 문장을 여러 의미 단위로 나누면 복

잡한 문장을 이해할 수 있습니다.

끊어 읽기는 단순히 문장을 잘게 자르는 작업이 아닙니다. 끊어 읽기를 연습하다 보면 복잡한 문장도 쉽게 해석할 수 있는 능력이 생기고, 문장의 구조를 더 명확하게 파악할 수 있게 됩니다. 결국 시험에서 긴 지문을 빠르게 파악하는 데 큰 도움이 됩니다. 끊어 읽기의 또 다른 방법은 바로 다음 글에서 소개합니다.

독해의 핵심 2, 주어 동사 찾기

독해가 어려운 건 긴 문장 때문인데요. 긴 문장의 특징을 이해하면 분석하는 방법을 찾을 수 있습니다. 문장이 길고 복잡해지는 이유는 핵심 내용에 꾸며주는 말이 덧붙기 때문입니다.

▷ **긴 문장 = 핵심 내용 + 꾸며주는 말**

"The cat sleeps."

"The small cat sleeps peacefully."

"The small cat, which has been resting all day, sleeps peacefully on the soft, red couch in the living room."

"The small, gray cat, which has been lazily resting all day

under the warm afternoon sun, now sleeps soundly and peacefully on the plush, red couch situated by the large window in the cozy living room, completely unaware of the bustling city outside."

해석: (작고 회색빛의) 고양이는 / (따뜻한 오후 햇볕 아래에서 하루 종일 느긋하게 쉬고 있던) / (지금) / 자고 있다 / (아늑한 거실의 큰 창 옆에 있는 푹신한 빨간 소파 위에서 편안하고 평화롭게) (밖의 분주한 도시를 전혀 의식하지 못한 채)

문장이 길어졌지만, 핵심 구조는 그대로 유지됩니다. 수식 어구들을 괄호로 묶어 놓으면 핵심 구조(주어, 동사, 목적어, 보어)가 파악됩니다. 이후 괄호 안의 부연설명을 핵심 구조에 덧붙이듯 이해합니다.

문장이 길어지고 복잡해지는 이유는 다양한 수식어구가 추가되기 때문인데, 문장의 핵심 구조인 주어, 동사, 목적어는 달라지지 않습니다. 따라서 핵심 구조를 파악하고 수식 어구가 문장의 어느 부분을 꾸며주는지를 파악하면서, 앞에서부터 순서대로 부연 설명하듯 해석하면 됩니다.

주어와 동사 찾기의 중요성

문장을 빠르고 정확하게 해석하기 위해서는 주어와 동사를 먼저 찾아야 합니다. 주어와 동사는 문장의 중심 의미를 전달하므로, 이것으로 문장의 큰 틀을 이해할 수 있습니다. 목적어와 보어는 동사를 찾으면 비교적 쉽게 찾을 수 있어, 핵심은 주어 동사 찾기입니다. 긴 문장은 수식어구나 부가 설명이 많아 복잡해 보일 수 있지만, 주어와 동사만 파악하면 전체 의미를 쉽게 파악할 수 있습니다.

긴 주어가 등장할 경우에는 동사를 먼저 찾아 그 앞에 나오는 주어를 역으로 추적하는 것도 효과적인 방법입니다. 또한 주어가 길더라도 그중 핵심 주어가 무엇인지를 파악하면 문장의 구조를 훨씬 더 명확하게 파악할 수 있습니다. 예시로 문장 하나를 살펴보겠습니다.

> The small gray cat, which spent all day lazing in the warm sunlight, is now fast asleep.

위 문장에서 동사는 'is'입니다. 주어는 'The small gray cat, which spent all day lazing in the warm sunlight'이고요. 그중

에서 핵심 주어는 cat입니다.

문장에서 핵심 구조인 주어와 동사를 파악한 후에는 수식어구가 어떤 역할을 하는지 살펴보며 해석을 더해 갑니다. 예시로 또 다른 문장을 살펴볼게요.

The small, gray cat, which had been resting all day, sleeps peacefully on the couch.

이 문장의 핵심 구조는 'The cat sleeps'입니다. 나머지 부분인 'small', 'gray', 'which had been resting all day', 'peacefully on the couch'는 모두 다 수식어구에 해당합니다. 수식어구가 핵심 문장의 어느 부분을 꾸며주는지 파악해서 더해 가는 방식으로 해석하면 정확하게 해석할 수 있습니다. 'small', 'gray', 'which had been resting all day'는 'the cat'를 꾸며 주는 말이고, 'peacefully on the couch'는 'sleeps'를 꾸며 주는 말입니다. 이해가 되시나요?

자, 문장의 구조가 파악이 되었으므로 이제 직독직해를 할 준비가 되었습니다.

독해의 핵심
: 직독직해

영어 독해에서 중요한 것은 직독직해 능력입니다. 직독직해란 문장의 순서를 유지한 채, 읽는 순서대로 의미를 파악하는 방법입니다. 과거에는 영어 문장을 끝에서부터 한국어로 번역하는 방식이 주로 사용되었으나, 이는 문장을 빠르게 이해하는 데 효율적이지 않습니다. 문장을 읽는 순서 그대로 파악하는 것이 훨씬 더 자연스럽고 빠릅니다. 주어 동사를 파악하고 앞에서부터 부가적인 설명을 덧붙여 가면, 긴 문장도 쉽게 해석할 수 있습니다.

같은 문장을 다시 살펴보겠습니다.

> The small, gray cat, which had been resting all day, sleeps peacefully on the couch.

앞에서 핵심 구조와 수식어구를 파악했습니다. 이제 앞에서부터 순서대로 문장을 해석하면 됩니다.

> 작고 회색빛의 고양이 / 하루 종일 쉬고 있던 / 잠들어 있다 / 평화롭게 / 소파에서

앞서 설명했듯 우리가 번역을 하는 것이 아니라서, 이렇게 해석하는 것으로 충분히 문장을 이해할 수 있기 때문에 한국어 어순에 맞게 바꿀 필요는 없습니다.

문장을 정확하게 해석하기 위해서는 주어, 동사, 목적어, 보어를 중심으로 문장의 뼈대를 파악하는 연습이 필요합니다. 특히 긴 문장을 접했을 때, 수식 어구에 현혹되지 않고 핵심 구조를 먼저 파악하는 것이 중요합니다. 주어와 동사를 먼저 찾고, 그 위에 수식 어구를 덧붙이는 식으로 해석하면 긴 문장도 빠르고 정확하게 해석할 수 있습니다.

문장의 주어와 동사만 찾으면 대부분의 긴 문장은 결국 간단한 구조로 축소되어 끊어 읽을 수 있습니다. 이 능력을 기르면 시험에서 제한된 시간 안에 지문을 파악할 수 있는 독해력을 갖출 수 있습니다.

단어가 아닌 구조로 읽어야 한다

영어 독해를 잘하기 위해서는 단어에만 의존하지 않고 문장 구조를 토대로 이해하는 것이 핵심입니다. 어릴 때 그림책 같은 이야기책으로 영어를 배우는 경우에는 줄거리를 알아서 문장을 대강 이해할 수 있습니다. 하지만 이런 읽기가 습관이 되면 영어 독해에 도움이 되지 않습니다. 영어책을 많이 읽는데도 독해력이 향상되지 않는다면, 단순히 단어 위주로 해석하거나 줄거리에 의존해 감으로 이해하기 때문입니다. 감과 줄거리에 의존한 독서는 시험에 맞는 체계적인 독해력을 기르는 데 큰 도움이 되지 않습니다.

독해력을 위한 연습
: 문장 구조 분석

어린 시절 읽는 영어책은 그림과 짧은 문장이 많고 줄거리가 있어, 단어와 그림, 맥락만으로 내용을 이해할 수 있습니다. 이 때문에 단어 위주로 읽는 습관이 자연스럽게 형성됩니다. 하지만 이러한 독서 방식은 중학교와 고등학교 영어 공부에서 걸림돌이 될 수 있습니다. 특히 수능과 같은 시험에서는 문장 구조를 꼼꼼히 분석해야 정확한 의미를 파악할 수 있기 때문에, 단순히 단어 뜻만을 보고 해석하는 방식은 잘못된 읽기를 초래해 함정에 넘어가기 쉽습니다.

예를 들어 다음 문장을 살펴보겠습니다.

The teacher found the students' final projects, which had taken months to complete, extremely impressive.

이 문장을 읽을 때 단어 위주로만 보면 'find'를 '발견했다'라고 생각하여, 'found the students' final projects'를 '학생들의 기말 프로젝트를 찾았다'라고 이해할 수 있습니다.

이 문장의 핵심 구조는 'The teacher found the students' final projects impressive'입니다. 'the projects'가 목적어,

‘impressive’가 목적격 보어로 쓰인 문장으로 ‘found’는 ‘~을 ~라고 생각하다’로 이해해야 합니다. ‘which had taken months to complete, the students’ 와 ‘extremely’는 수식어구로 문장 구조에 영향을 미치지 않습니다.

따라서 문장이 길어질수록 단어에 의존해서 해석을 하는 것이 아니라, 핵심 구조를 먼저 파악하고 그다음에 부가 설명을 해석하는 방식으로 접근해야 독해가 가능해집니다.

시험 독해에서는 특히 문장 구조에 기반한 정확한 독해가 필수적입니다. 출제자들은 단어 위주의 해석을 할 경우에 걸릴 함정을 미리 심어 놓는 경우가 많습니다. 이런 걸 ‘매력적인 오답’이라고 하죠. 문단 전체의 줄거리는 이해했더라도, 한 문장 한 문장을 확실히 이해했는지 물어보는 경우도 있습니다.

긴 문장을 분석할 때 가장 먼저 할 일은 주어와 동사를 찾는 것입니다. 그런 후 나머지 부가 설명을 추가해 직독직해로 문장의 세부적인 의미를 완성해 나가는 것이 효과적입니다. 이 과정을 자꾸 연습하다 보면 신경 쓰지 않아도 자연스럽게 끊어 읽고 직독직해를 하게 될 것입니다.

교재 선택과
연습 방법

독해력을 키우기 위해서는 교과서 외에 독해 교재를 활용하는 것도 큰 도움이 됩니다. 시중에 나와 있는 독해 교재는 수능 시험과 같이 지문을 제시하고, 다섯 개 내외의 문제를 풀도록 구성되어 있습니다.

독해 연습을 위한 교재를 선택할 때는 모르는 단어가 다섯 개 이하로 나오는 지문이 적당합니다. 스스로 약 70퍼센트 정도 이해할 수 있는 난이도의 지문을 선택해, 문장마다 정확히 읽는 연습을 하면서 지문의 난이도를 높여 나가는 것이 효과적입니다.

독해 교재로는 '리딩튜터 주니어' 시리즈, 'Bricks Reading 30' 시리즈, 'Junior Reading Expert' 시리즈 등이 있습니다, 교재가 전자책 형식으로도 제공되기도 하고, 음원이 함께 제공되는 경우도 있습니다. 또한 출판사 홈페이지에서 어휘 학습 자료가 잘 정리되어 있어 따로 수업을 듣지 않고 공부를 하는 것도 가능합니다. 교재 선택 시 자신의 수준에 맞는 난이도를 골라 정확하게 해석하는 훈련을 하는 것이 중요합니다. 읽어 보다 이해가 어려운 문장은 해설을 참고해서 내가 이해한 것이 정확히 맞는지 확인해 보는 방식으로 공부하면 됩니다.

독해 교재로 공부하기가 어려울 경우, EBS나 강남인강 등에서 제공하는 강의를 참고하는 것도 좋은 방법입니다. 이런 강의들은 무료이거나 아주 저렴하기 때문에, 강의를 다 들어야 한다는 부담을 갖지 말고 스스로 해석이 어려운 부분이 있다면 그 부분만 따로 찾아서 도움을 받을 수도 있습니다.

결국 영어 독해력을 높이기 위해서는 단어 하나하나에만 의존하기보다는 문장 구조를 파악하는 것이 가장 중요합니다. 앞에서 설명한 방식으로 문장의 핵심 뼈대인 주어와 동사를 찾아내고, 거기에 부가적인 설명을 덧붙이는 방식으로 문장을 해석해야 합니다. 이러한 방법을 통해 독해력을 향상시키고, 더 긴 문장이나 복잡한 구문도 쉽게 분석할 수 있게 됩니다.

더 읽어보기

영어 원서 읽기

원서 읽기는 독해 점수를 즉각적으로 올리는 활동은 아닙니다. 하지만 읽기의 즐거움을 느끼며 다독할 수 있고, 읽기 경험을 쌓을 수 있는 유익한 과정입니다. 언어는 노출이 중요한데, 교과서나 교재의 지문으로는 그 양이 충분하지 않습니다. 원어 읽기는 긴 호흡으로 읽기 때문에 노출되는 양이 많고, 영어 문해력을 향상시킵니다.

모국어 독서를 통해 문해력을 쌓아 가듯, 원서 읽기도 장기적으로 영어 문해력을 자연스럽게 키우는 데 도움이 됩니다. 단기적으로는 점수에 대한 압박 때문에 원서 읽기를 부담스럽게 느끼는 학생들도 많지만, 장기적인 관점에서 독서를 포기하지 않고 적게라도 이어 가는 것이 중요합니다. 이 과정에서 쌓인 노출이 나중에 어휘, 문법을 배울 때에 재료가 됩니다.

이야기책

원서 읽기를 처음 시작하는 단계에서는 재미 중심의 문학 도서를 추천합니다. 재미가 있어야 많은 양을 읽을 수 있기 때문입니다. 특히 청소년 소설은 일상생활에서 접할 수 있는 내용으로 구성되어 있어 회화 표현과 쉬운 단어를 익히는 데에도 효과적입니다.

초급 수준 이야기책
쉽게 읽을 수 있는 유머러스한 책들

Mo Willems, 'Elephant & Piggie' 시리즈
Tedd Arnold, 'Fly Guy' 시리즈
Alyssa Satin Capucilli, 'Biscuit' 시리즈
Dav Pilkey, 'Dog Man' 시리즈
Rebecca Elliott, 'Owl Diaries' 시리즈
Megan McDonald, 'Judy Moody' 시리즈
Dan Greenburg, Jack E. Davis, 'Zack Files' 시리즈
Cynthia Rylant, Suçie Stevenson, 'Henry & Mudge' 시리즈

중급 수준 이야기책
내용이 풍부하고 글밥이 많은 책들

Tracey West, 'Dragon Masters' 시리즈
J.K. Rowling, 'Harry Potter' 시리즈
Mary Pope Osborne, Sal Murdocca, 'Magic Tree House' 시리즈
Jeff Kinney, 'Diary of a Wimpy Kid' 시리즈
Rick Riordan, 'Percy Jackson' 시리즈
Erin Hunter, 'Warriors' 시리즈

비문학 리더스북

학년이 올라가면서는 문학보다 지식 중심의 비문학 도서도 접해 보는 것이 좋습니다. 지식 중심의 책들은 글이 더 정제되어 있고 수능 영어 지문과 유사한 구조를 갖추고 있어, 독해 실력 향상에 도움이 됩니다.

비문학 도서의 난이도가 처음에 부담스러울 수 있습니다. 그럴 때는 리더스북(Readers Book)을 활용하는 것도 좋은 방법입니다. 리더스북은 원어민 아이들이 읽기를 처음 시작할 때 영어 독해 능력을 단계적으로 향상시키기 위한 책이라서, 학습자의 수준에 맞춰 어휘와 문장 구조를 다양하게 제공합니다. 따라서 자신에게 맞는 수준의 책을 골라서 읽을 수 있습니다.

비문학 책

Ladybird Books, 'BBC Do You Know?' 시리즈
National Geographic Kids, 'National Geographic Kids Almanac' 시리즈
Dona Herweck Rice, 'TIME for Kids Nonfiction Readers' 시리즈
Jerry Pallotta, Rob Bolster, 'Who Would Win?' 시리즈
'Who Was Series' 시리즈

원서 난이도 선정

원서를 선택할 때, 너무 어려운 책에 도전하기보다는 내 수준보다 약간 쉬운 책을 읽으며 재미를 붙이는 것이 좋습니다. 재미있게 읽을 수 있는 책을 선택해 꾸준히 많은 글을 접하는 것이 중요한데, 이는 '가랑비에 옷 젖듯' 점점 더 많은 책을 이해할 수 있게 해줍니다. 초급 난이도의 책은 원어민 기준으로 어린이 대상이기 때문에 조금 유치하게 느껴질지 모르지만, 내용보다도 영어로 읽는다는 그 자체에 재미를 찾아보라고 말해주고 싶어요. 저는 초등학교 3학년에 디즈니 인어공주라는 영어책을 접하게 되었는데, 내가 아는 인어공주 이야기를 영어로 읽는다는 경험 자체가 너무 재밌었던 기억이에요.

때로는 짧고 어려운 지문을 빠르게 분석하는 독해 연습만 하다 보면, 글 읽기의 재미를 잃을 수 있습니다. 그럴 때 약간 유

치하고 유머러스한 영어책을 보면 머리도 식힐 수 있고, 유머 코드나 문화적 차이를 발견하면서 재미있게 접근할 수 있어요. 'Elephant & Piggie' 시리즈나 'Fly Guy' 시리즈와 같이 어린아이를 위한 책은 많이 유치하지만, 어른인 제가 읽어도 재밌다는 생각을 합니다.

그리고 이런 책이 글자도 크고 글밥이 적어 영어 수준이 낮을 것 같지만, 원어민 어린이들을 위한 책이기 때문에 단순한 문장만 있는 것은 아니에요. 어린아이들 책 같아도 생소한 단어나 관계대명사절 같은 복잡한 구조도 사용합니다. 쉬워 보이는 책도 배울 부분이 꼭 있고, 같은 수준을 계속 반복해도 문해력은 상승합니다. 공부 부담에서 잠시 벗어나 쉽고 재미있을 것 같은 책부터 틈틈이 읽어보길 바랍니다.

음원을 활용한 원서 읽기

처음 원서를 읽을 때 음원을 함께 사용하는 것도 정말 좋은 방법입니다. 영어는 모국어가 아니기 때문에 소리에 노출될 일이 현저히 적습니다. 모국어 책도 10살까지는 누군가가 읽어 주는 것이 발달에 좋다고 하는데요, 그것처럼 스스로 영어를 읽을 줄 알아도 누군가가 읽어 주는 것이 읽기 유창성, 읽는 속도를 기르는 데 도움이 됩니다.

음원을 들으며 눈으로 따라 읽으면 리스닝에도 도움이 됩니다. 책을 읽어 주는 전문 성우의 음성을 들으면 유창성과 발음에 큰 도움이 되고, 나도 모르는 사이 속독이 연습됩니다. 그리고 처음부터 원서를 다독하는 것이 쉽지 않은데, 이 방법으로 수월하게 다독할 수 있습니다.

영어책 대부분은 그 책을 읽어주는 사운드북이 있습니다. 도서관에서 시디를 부록으로 같이 빌릴 수 있고, Scholastic 출판사와 같이 자체적으로 음원을 제공하는 출판사도 있습니다.

공공 도서관 활용

최근에는 공공 도서관에서도 영어 원서를 쉽게 접할 수 있습니다. 일부 도서관은 영어책을 많이 구비하고 있으며, 없더라도 상호대차를 통해 다른 도서관의 책을 빌려볼 수 있습니다. 정부에서 운영하는 공공 도서관인데 영어 도서관으로 운영되는 곳도 있습니다. 모든 수준의 다양한 책이 구비되어 있고, 책과 함께 나오는 시디도 같이 대출할 수 있습니다. 집 근처 공공 도서관을 검색해 보세요.

도서관을 자주 방문해 국어책과 영어책을 함께 읽으며 꾸준히 독서 습관을 길러 보세요. 장기적으로 공부뿐 아니라 전반적인 문해력 향상에 큰 도움이 됩니다. 중학교는 고등학교보다 여유 있는 시기이니, 영어책을 읽을 마지막 기회일 수 있어요. 책상에서 문제집이나 교재로 하는 공부에만 매몰되지 않고 재미있는 영어책을 읽으면서 자연스럽게 영어를 접하는 것이 영어를 즐겁게 공부하는 방법입니다.

2부

ABC

자, 이제 실전 대비 방법을 알아볼까요

5장

대치동부터 입시까지,
요즘 영어 트렌드

문해력, 영어를 배워야 하는 진짜 이유

우리나라는 교육열이 매우 높은 나라로, 부모님들이 아이의 교육에 많은 관심을 가지고 있습니다. 출산 전부터 교육 계획을 세우고, 산후조리원에서도 전집 홍보가 있을 정도이며, 신생아를 위한 전집을 구비하기도 합니다. 이처럼 아이가 태어난 순간부터 교육에 대한 관심이 집중되며, 그 중심에는 독서와 책을 통한 교육이 자리 잡고 있습니다. 하지만 아이가 자라면서 다양한 사교육 활동에 참여하게 되면, 독서보다 학습에 더 많은 시간을 쏟습니다. 한마디로 공부하느라 책 읽을 시간이 없어지는 것입니다.

최근 '문해력'이 중요한 키워드로 떠오르면서, 많은 부모님들이 다시금 문해력의 중요성에 주목하고 있습니다. 문해력은 단순히 글을 읽는 기술을 넘어서는 개념입니다. 글 속에 담긴 의미를 이해하고, 그 정보를 바탕으로 사고하며, 새로운 지식을 습득할 수 있는 능력을 포함합니다. 최근 들어 문해력의 중요성이 더욱 강조되고 있으며, 그 중요성은 다양한 사회적 논의를 통해 드러나고 있습니다.

특히 2022년에 방영된 EBS 프로그램 〈당신의 문해력〉은 우리 사회에 문해력의 심각성을 강하게 지적했습니다. 이 프로그램에서 중학생 2,400명을 대상으로 조사한 결과, 약 27퍼센트의 학생들이 교과서 내용을 제대로 이해하지 못하는 것으로 나타났습니다. 특히 어휘력 부족이 주요 원인으로 지목되었으며, 학생들이 '가제(임시 제목)'를 '가재(생물)'로 혼동하거나, '사흘'을 4일로, '금일'을 금요일로 착각하는 등의 사례가 발견되었습니다. 이는 기본적인 언어 이해 능력의 결여를 보여주는 대표적인 예입니다.

이러한 문해력 저하의 원인 중 하나로 많은 전문가들은 스마트 기기의 영향을 지목합니다. 디지털 환경으로 인해 글을 읽는 시간이 자연스럽게 줄어들었기 때문입니다. 요즘 사람들은 책이나 설명서를 읽기보다는 유튜브 같은 영상을 통해 정보를 습득하는 경향이 강합니다. 저 역시 무엇을 배우거나 정보를 찾을 때 설명서를 읽기보다는 영상 자료를 찾아보는 경우가 많습니다. 이러한 변화는 정보를 습득하기 간편해지는 장점이 있지만, 글을 읽고 분석하는 능력을 키우는 기회를 줄어들게 만듭니다.

효율적인 학습을 위해 사용하는 정리 자료들도 한편으로는 문해력을 약화시키는 요인으로 작용하고 있습니다. 과거에는 책이나 교과서, 참고서를 반복적으로 읽으며 스스로 문제를 해결하려고 노력했지만, 이제는 대부분의 학생들이 요약본으로 공부하거나 강의에 의존하는 경향이 강해졌습니다. 이로 인해 문장을 읽고 이해할 일이 줄게 되었습니다. 결국 문해력을 기르기 위해서는 글 자체를 충분히 읽어야 하기 때문입니다.

문해력의 중요성이 사회적으로 주목받으면서 관련된 책들도 많이 출간되고 있습니다. 이러한 책들은 문해력이 부족할 경우 학생들이 교과서를 제대로 이해하지 못해 학습의 기초가 흔들리며, 결국 학습 전체에 어려움을 겪게 된다는 점을 지적합니다. 그만큼 문해력은 국어뿐만 아니라 모든 학문에서 요구되는 핵심적인 능력입니다.

영어 문해력의 필요성

문해력이 학습의 기초라면, 영어 문해력은 국제적인 지식 습득의 필수적인 도구입니다. 우리가 의무 교육 과정에 영어를 포함시키고 수능 시험에서까지 영어 실력을 평가하는 이유는, 단순히 외국인과의 소통이나 해외여행을 위한 것이 아닙니다. 영어는 세계적으로 중요한 지식을 습득하는 데 있어 필수적인 언어이며, 이를 통해 우리는 더 많은 기회를 얻을 수 있습니다.

영어 문해력이 중요해지는 이유 중 하나는 최신 연구와 정보의 대부분이 영어로 먼저 발표되기 때문입니다. 예를 들어 세계적으로 권위 있는 학술지인 《Nature》나 《Science》는 대부분의 최신 연구를 영어로 출간합니다. 이와 같은 중요한 지식을 빠르게 접하려면 영어 문해력이 필수적입니다.

또한 우리나라에서 고등학교까지는 국어로 된 교과서를 주로 사용하지만, 대학에 가면 전공 서적이 대부분 영어로 되어 있습니다. 학문 분야의 최신 연구와 자료는 대부분 영어로 발표되기 때문에, 영어를 읽을 줄 알아야 더 빠르게 자료를 접할 수 있습니다. 실제로 많은 학자들이 최신 연구를 접하기 위해 영어 원서를 읽으며, 자신의 연구를 발표하기 위해서 영어로 국제 학술지에 논문을 게재합니다. 따라서 대학에서 제대로 학문을 연구하고 실력을 발전시키기 위해서는 영어 문해력이 반드시 필요합니다.

수능 영어의 목적도 여기서 찾을 수 있습니다. 수능 영어는 단순히 영어의 유창성을 평가하려는 것이 아닙니다. 수능 영어의 핵심은 처음 보는 지문을 읽고 빠르게 이해한 후, 문제를 해결할 수 있는 능력을 평가하는 데 있습니다. 이 지문들은 대부분 학문적이거나 논리적인 내용으로, 상당히 난이도가 높은 수준입니다. 어떤 사람들은 수능 영어 지문이 너무 어렵다고 비판하기도 하지만, 사실 이는 대학교에서 배우고 연구하는 데 필요한 영어 문해력을 평가하기 위함입니다. 실제로 미국의 대학 입학 시험인 SAT나 대학원 입학 시험인 GRE, LSAT에서는 수능보다 훨씬 더 복잡하고 난이도 높은 지문이 출제됩니다. 따라서 수능 영어는 단순한 영어 실력을 넘어, 학문적인 글을 이해할 수 있는 능력을 요구하는 시험입니다.

결국 우리가 영어를 배우는 것은 단순히 외국어에 대한 유창성을 목표로 하는 것이 아닙니다. 세계적인 지식을 빠르게 습득하고, 그 과정에서 자신을 증명하는 능력을 기르는 데 있습니다. 영어 문해력은 개인의 학문적 성장을 돕고 세계 무대에서 더 큰 기회를 얻을 수 있는 중요한 열쇠입니다. 영어를 공부할 때 단순히 시험 대비를 넘어서 세계의 지식을 접하고 이를 이해하는 능력을 기른다는 목표를 세우면, 영어 학습의 진정한 가치에 더 가까이 다가갈 것입니다.

요즘 영어 교육은 이렇게 바뀌고 있어요

최근 몇 년간 한국의 교육 환경은 빠르게 변화하여, 영어 교육도 그 흐름에 따라 새로운 경향을 보이고 있습니다. 특히 교육열의 상징으로 자리 잡은 대치동은 이러한 변화를 가장 먼저 반영하고 새로운 방향으로 나아가는 선두 역할을 하고 있습니다. 대치동의 과열된 분위기를 차치하고 그곳에서 나타나는 교육 경향을 살펴보는 것은 현재의 교육 방향과 입시 전략을 이해하는 데 중요한 단서를 제공합니다. 그런 의미에서 대치동으로 대변되는 요즘 영어 교육의 경향을 알아보려 합니다.

영유아기
: 영어에 집중하기

대치동에서는 여전히 영유아기의 영어 학습에 많은 시간과 자원을 투자하는 경향이 강합니다. 영어 유치원이라 불리는 영어 학원 유치부에서는 놀이 중심의 학습에서 점차 문자 중심, 곧 읽고 쓰는 학습으로 목표가 변합니다. 짧게는 소위 '아웃풋'이라 불리는 학원 레벨 테스트 점수를 높게 받는 데 효율적이고, 길게는 아직 말을 잘 들을 때 공부시켜 영어를 미리 끝내놓겠다는 마음도 담겨 있습니다. 중고등학교의 점수 위주 공부가 유치원까지 내려온 셈입니다.

이 과정에서 국어 독해력 저하에 대한 우려도 나타나고 있습니다. 초등학교에 입학한 아이들 중 일부는 국어를 기반으로 하는 독해력 부족으로 인해 수학이나 과학 같은 다른 과목 학습에서도 어려움을 겪기도 합니다. 이에 따라 한글 수업, 독서 수업 등을 통해 국어 능력을 보완하려는 시도가 늘어나고 있습니다.

또한 조기 영어 학습이 중고등학교의 학습 성과로 반드시 이어지지 않는 경우에 대한 우려도 커지고 있습니다. 이에 따라 모국어와 다양한 인문직 경험을 중시하여 영어 유치원이 아니라 국공립 또는 일반 사립 유치원을 선호하는 학부모도 다시 보이고 있습니다. 이는 아이들의 전반적인 성장과 다양한 학습 경험을 강조하는 변화된 관점을 반영합니다.

물론 아직도 영유아 시기의 영어 교육에 대한 관심은 매우 크지만, 영어 교육뿐만 아니라 모국어 능력을 기반으로 수학, 과학, 체육 등 다양한 분야에서 균형 잡힌 교육을 중시하는 방향으로 변하고 있습니다.

초등학교
: 영어에서 국어, 수학, 예체능으로

초등학교에 진학한 이후, 영어 중심의 학습에서 벗어나 국어, 수학 등 다양한 과목으로 초점이 옮겨갑니다. 영유아 시기에 영어 유치원을 다니며 몰입식 영어 교육을 받았던 학생들도 초등학교 과정에 들어서면 정규 교과 과정에 맞춰 국어와 수학 같은 기초 학문에 집중합니다. 이로 인해 영어의 우선순위는 상대적으로 낮아지는 경향을 보입니다.

특히 국어는 초등학교 교육에서 가장 중요한 과목으로 자리 잡았으며, 독해와 문해력 등 국어 실력이 다른 모든 과목의 이해도와 학업 성과에 큰 영향을 미친다는 점에 학부모들이 공감하고 있습니다. 영어에 많은 시간을 투자했던 학생들은 국어 실력의 부족을 보완하기 위해 논술 학원이나 독서 학원을 찾는 경우도 증가하고 있습니다.

초등학교 고학년이 되면서 영어 교육은 중고등학교 내신과 수능 시험 대비로 방향을 전환합니다. 문법과 독해 학습이 강조되며, 유치원이나 초등 저학년 시기에 했던 미국 교과서 학습과 에세이 쓰기 수업은 내신 시험과 직접적인 연관성이 낮아 점차 비중이 줄어듭니다. 그래서 "유치원, 초등에서 어떤 영어를 배웠든 결국 문법 학원에서 만난다"는 말이 나오기도 합니다. 유치원과 초등에서 배운 영어는 중고등학교 영어 학습의 기반이 되지만, 그 자체로는 입시에서 큰 의미를 가지지 못하는 경우가 많습니다.

이러한 흐름은 영어와 국어, 다양한 과목 사이에 균형 잡힌 학습이 초등학교 시기에 강조되고 있음을 보여줍니다. 더불어 초등 영어 학습이 중등 영어로 전환하는 과정에서 새로운 방향으로 바뀌는 모습을 볼 수 있습니다.

중고등학교
: 내신과 입시 대비

초등학교 고학년과 중학교에 진학하면서 영어 학습의 방향은 더욱 변합니다. 중학교에서는 내신이 중요한데, 이때부터는 영어 학습이 의사소통에서 문법과 독해 중심으로 전환됩니다. 아이가 영어 유치원에서 조기교육을 했더라도, 중학교 교과서 지문과 문법 공부는 낯설게 느껴지는 경우가 많습니다. 이 시기부터는 영어 공부의 방향을 완전히 바꿔 내신을 대비하기 위한 문법 위주 수업으로 전환합니다.

고등학교에 진학하면 대학 입시에 대비해야 하므로 영어 학습은 더욱 목표 지향적으로 바뀝니다. 특히 수능 영어는 절대평가로 전환되어 변별력이 낮아졌기 때문에, 학생들은 영어에서 90점 이상(1등급)의 성적을 얻을 정도만 신경 쓰고 나머지 시간은 국어와 수학 같은 주요 과목에 투자하는 경향이 강해졌습니다. 결국 영어는 독보적으로 중요한 과목이 아니라, 다른 과목들과 균형을 맞추며 효율적인 학습 방법을 찾아 나가는 것이 중요한 과목이 되었습니다.

대치동에서는 고등학교 입학 전에 안정적으로 내신 1등급과 수능 1등급을 받는 것이 이상적인 목표로 여겨집니다. 그러나 현실적으로 쉽게 달성되는 것이 아닙니다. 따라서 중학교 때까지 영어 실력을 최대한 다져놓고, 고등학교에서는 국어와 수학 같은 다른 과목들과 균형을 맞추며 공부하겠다고 계획하는 편이 더 현실적인 접근 방법입니다.

따라서
영어 공부는 이렇게

여전히 영어는 내신과 입시에서 핵심 과목 중 하나로, 꾸준히 학습해야 하는 분야입니다. 그러나 영어는 단기간에 완성할 수 있는 과목이 아닙니다. 특히 영유아기나 초등 저학년의 몰입식 수업만으로는 입시에서 실질적인 성과를 달성하기 어렵습니다. 따라서 초등학교 고학년 또는 중학교부터 체계적으로 입시에 맞춘 영어 학습을 다시 시작해야 하며, 이 시점에서 영어 학습을 처음 시작하더라도 전혀 늦지 않습니다.

고등학교까지 이어지는 긴 학습 과정을 고려할 때, 중학교 영어 학습에서 완벽함보다는 효율성과 실질적인 성과를 추구해야 합니다. 내신과 수능에서 필요한 점수를 확보하고, 남은 시간을 다른 과목에 투자하는 학습 전략이 바람직합니다. 이처럼 장기적인 시각과 균형 있는 접근이 영어 학습을 포함한 전반적인 학업 성취에 중요한 열쇠가 될 것입니다.

요즘은 영어가 별로 안 중요하다며?

한국의 교육 환경은 빠르게 변화하고 있습니다. 과거에는 영어가 입시에서 매우 중요한 과목으로 여겨졌으며, 학생들과 학부모들이 영어 학습에 상당한 시간을 투자했습니다. 하지만 최근 들어 영어의 중요성은 예전보다 감소했고, 이제는 국어와 수학 같은 과목들이 더 많은 주목을 받고 있습니다. 이 변화는 국가 교육 과정이 개편되고 입시 제도가 변화함에 따라 학부모와 학생의 우선순위가 달라진 결과입니다. 영어는 여전히 중요하지만, 시험에서 비중이 변화하면서 '완벽함'보다는 '효율'이 중요한 요소가 되었습니다.

영어 몰입에서 국어와 수학으로

미취학 아동 시기에는 많은 부모들이 영어 교육에 몰두합니다. 사교육이나 '엄마표 영어'를 통해 자녀들에게 영어를 가르치며, 아이들이 영어에 익숙해지기를 바랍니다. 그러나 초등학교에 입학하면서부터는 학습의 초점이 영어에서 국어와 수학으로 전환되는 경향이 뚜렷해집니다.

수학의 경우 사고력 수학, 교과 수학, 경시대회 준비, 선행 학습 프로그램 등 학습 목표가 세분화됩니다. 이런 변화는 영재학교나 과학고등학교 진학을 준비하는 학생들에게 필수적일 뿐만 아니라, 일반 고등학교 진학을 목표로 하는 학생들에게도 중요한 요소로 자리 잡고 있습니다.

또 초등학교 입학 후부터 논술 수업을 통해 글쓰기 능력을 키우고, 독서 활동을 통해 전반적인 문해력 향상을 목표로 하는 학습이 강조됩니다. 특히 영어에 집중하던 학생들이 국어에서 뒤처지는 현상이 발생하기 때문에, 국어 능력을 보완하려는 시도도 자주 나타납니다. 이와 함께 초등학교 고학년이 되면 역사 과목이 추가되며, 논술과 역사 학습의 중요성도 점점 부각됩니다.

대학 입시에서 영어 비중이 감소했다

초등학교 고학년과 중·고등학교로 진학하면서 영어 학습이 완전히 중단되지는 않지만, 그 비중은 점차 줄어드는 추세입니다. 영유아, 초등 저학년 시기에 영어 위주로 흘러가던 것에 비해 중학교부터는 영어가 여러 과목 중 하나로 자리 잡으며, 다른 주요 과목과 비교했을 때 중요성이 상대적으로 낮아집니다. 이런 변화는 최근에 급격히 일어난 현상입니다.

우리나라 정부는 과열된 영어 학습을 완화하기 위해 오랜 기간 동안 다양한 노력을 기울여왔습니다. 그 일환으로 수능 영어를 절대평가로 전환한 것이 큰 변화를 이끌어냈습니다. 과거에는 영어가 상대평가로 이루어졌기 때문에 학생들 사이에 변별력을 만드는 중요한 과목이었고, 입시에서 '글로벌리더 전형', '영어특기자 전형' 등의 특수 전형이 존재할 만큼 영어 능력이 중요하게 여겨졌습니다. 하지만 이제 영어 하나만으로 대학에 진학하는 전형은 거의 사라졌습니다.

정시 전형에서 수능 점수를 가지고 대학에 지원할 수 있지만, 수능 영어가 절대평가로 바뀌면서 1등급(90점 이상)만 받으면 만점으로 반영이 되기 때문에 영어 점수에 대한 부담이 줄어들었습니다. 1등급을 받는 것이 상대평가 때보다 쉬워졌다는 것은 수치적으로 확인할 수 있습니다. 간혹 난이도 조절이 실패하여 1등급(90점 이상)을 받는 학생이 전체의 4퍼센트 정도가 되는 경우도 있지만, 대체로 6퍼센트 내외에서 1등급이 결정되고, 30퍼센트 내외에서 2등급, 55퍼센트 내외에서 3등급이 결정되므로 과거 상대평가에 비해 훨씬 더 쉬워졌습니다.

내신도 마찬가지입니다. 중학교까지는 모든 과목의 내신 성적이 동등하게 다뤄지지만, 고등학교와 대학 입시에서는 과목별로 내신 반영 비율이 달라집니다. 대학 입시에서 음악, 미술, 체육 같은 과목은 내신 평가로 점수화되지 않고 수능 과목도 없습니다. 국어, 영어, 수학이 자연히 주요 과목이 됩니다. 그 중에서도 최근에 영어의 비중이 줄어드는 경우도 나타나고 있습니다. 예를 들어 연세대학교 2025년도 정시모집을 보면 수능 국어 점수를 300점, 수학을 200점, 사회 및 과학탐구 200점으로 반영할 때 영어는 100점만 반영합니다.

수시전형에서 요구하는 수능 최저 학력 기준도 영어가 포함되기는 하지만, 국어와 수학에 상대적으로 높은 기준을 적용하고 영어는 비교적 느슨한 기준을 적용합니다.

이러한 변화로 인해 영어보다는 국어와 수학 같은 과목에서 더 높은 점수를 위해 노력하는 것이 더 전략적인 방법이 되었습니다. 요즘 상위권 고등학생들은 영어에서 효율적으로 90점

이상을 달성하고, 나머지 시간과 노력을 국어와 수학 같은 변별력이 큰 과목에 투자합니다.

수시와 정시, 입시의 양대 축

대입을 준비하는 과정에서 수시와 정시는 두 가지 중요한 전형 방식입니다. 정시는 수능 시험 점수로 대학교에 지원하는 방식이며, 수시는 학교 내신 성적이나 학생부 기록을 바탕으로 지원하는 전형입니다. 과거와 비교할 때 현재 이 두 전형의 비중은 크게 달라졌습니다.

2000년대 중반 지금의 학부모님들이 입시를 준비하던 시기에는 대부분의 대학이 정시 위주로 학생을 선발했습니다. 수시는 상대적으로 새롭고, 내신 성적이 매우 우수한 학생들만을 위한 전형으로 여겨졌죠. 그 당시 수시 모집 인원은 모집 정원의 약 10~15퍼센트로 매우 적었고, 정시 준비에 방해가 된다고 생각하여 수시 지원 자체를 포기하는 경우도 많았습니다. 대개 정시를 계획하다가 내신에 비해 수능에 대한 자신감이 떨어질 경우에만 수시로 방향을 바꾸는 경향이 있었습니다.

이제는 수시가 대세다

현재 입시 구조는 과거와 크게 달라졌습니다. 수시 모집 인원이 정시 모집 인원과 비슷하거나 더 많아지면서, 수시가 입시의 주된 전형으로 자리 잡았습니다.

예컨대 2025학년도 서울대학교 일반전형을 살펴보면, 수시 모집 인원이 126명으로 정시 모집(77명)보다 많습니다. 연세대학교도 수시 모집 인원이 더 많으며, 논술과 실기/실적 전형을 제외한 학생부 교과 및 종합 전형만 보더라도 정시 모집 인원과 비슷합니다.

이제는 한 번의 시험으로 당락을 결정하는 것이 아니라 고등학교 3년 동안의 학업 성적이 중요한 평가 요소가 되었습니다. 따라서 진로계획과 내신 관리에 대한 계획을 세우고, 학생부 기록도 꼼꼼히 준비해야 합니다. 학생부 종합 전형에서는 성실한 학교 생활과 목표를 향한 열정이 중요한 평가 요소이기 때문에, 고등학교 입학 직후부터 내신과 학생부를 잘 관리해야 합니다.

특목고나 전국구 자사고와 같이 내신 점수가 불리한 경우를 제외하고는, 고등학교에 입학하면서 수시 전형을 무시할 수 없습니다. 오히려 수시의 다양한 전형, 특히 지역균형 전형을 활용하면 도시나 수도권에서 교육받지 않은 학생들에게 기회가 될 수 있습니다.

하지만 수능도 여전히 중요하다

수시 전형의 비중이 커졌음에도 불구하고, 정시와 수능의 중요성은 여전합니다. 많은 대학교가 여전히 정시를 통해 학생을 선발하고 있으며, 이는 내신 성적 관리가 상대적으로 어려운 학교에 다니는 학생들에게 중요한 기회가 됩니다. 특히 정시에서는 수능 성적이 절대적인 평가 기준이 되기 때문에, 내신 성적만으로 불리한 경우에는 정시 준비가 필수적입니다.

수능 성적은 수시 전형 전략을 짤 때에도 중요한 역할을 합니다. 수시 지원 시 수능 성적에 자신이 있다면, 평소 내신 성적에 맞춘 지원보다 상향 지원을 시도할 수 있습니다. 이는 입시 전략에서 중요한 기회가 되며, 상향 지원이 가능해지면 경쟁력 있는 대학에 합격할 수 있는 확률을 높일 수 있습니다. 반대로 수능 성적이 기대에 못 미칠 경우에는 하향 지원을 통해 안정적으로 입시를 준비하는 전략도 있습니다. 이런 유연한 입시 전략을 통해 수능 성적에 따라 정시로 전환하는 방안을 신중하게 고려할 필요가 있습니다.

또한 예상치 못한 상황으로 인해 내신 성적이 좋지 않거나, 일부 시험을 망쳤을 때도 정시를 통해 충분히 만회할 기회를 가질 수 있습니다. 예를 들어 건강 문제나 사적인 이유로 일부 학기에 내신을 관리하기 어려웠다면, 정시에서 수능 성적으로 경쟁력을 확보할 수 있습니다. 그렇기 때문에 수시를 생각하더라도 수능 준비를 너무 소홀히 하지 말아야 합니다.

뿐만 아니라 수능 최저 학력 기준으로 수능 점수를 요구하는 대학교가 상당수 있습니다. 예를 들어 서울대학교의 경우 4개 영역 중 3개 영역에서 등급 합이 7등급 이내여야 하며, 연세대학교와 고려대학교도 이와 비슷한 기준을 제시합니다. 즉, 아무리 내신 성적이 우수하더라도 수능에서 일정 기준 이상의 성적을 받지 못하면 수능 최저 기준을 맞추지 못해 합격하지 못하게 됩니다. 따라서 수시 준비와 함께 수능 공부도 꾸준히 병행해야만 입시에서 유리한 위치를 차지할 수 있습니다.

결국 수시 전형이 입시에서 큰 비중을 차지하는 상황에서도 수능과 정시의 중요성은 간과할 수 없습니다. 수능은 입시의 마지막 순간까지 중요한 변수로 작용하며, 수시에서 상향 지원 전략이나 정시로 전환 가능성을 열어둠으로써 다양한 입시 전략을 활용할 수 있습니다. 이런 이유로 수능 준비는 성공적인 입시를 위한 필수 요소라 할 수 있습니다.

따라서 수시 전형을 준비하는 과정에서도 수능 준비는 끝까지 소홀히 할 수 없습니다. 수시와 정시 모두 열어두고 신중하게 대비하는 것이 입시 성공의 핵심입니다. 수시의 비중이 커진 만큼 내신 관리의 중요성도 높아졌지만, 수능 역시 중요한 변수로 작용합니다. 내신과 수능을 균형 있게 준비해야 다양한 전형에서 최선의 기회를 잡을 수 있습니다. 철저한 준비가 입시에서 유리한 결과를 가져올 것입니다.

6장

중학교 내신,
어떻게 준비할까요?

ABC

절대평가라는 양날의 검

중학교에서 내신이 중요하다는 점은 누구나 알고 있습니다. 내신 성적을 위해 많은 시간을 투자하고, 좋은 성적을 얻기 위해 노력하는 것은 당연한 일이죠. 학교 수업을 성실히 받았다는 증명이니 더욱 값지고, 이렇게 열심히 하는 것이 고등학교 공부를 위한 기반이 되는 것도 사실입니다.

그럼에도 여기서 제가 강조하고 싶은 것은, 내신 성적이 중요하지만 단순히 거기에만 집중하기보다 고등학교까지 장기적인 안목을 가지고 영어를 공부하는 것이 중요하다는 점입니다.

기장 큰 이유로는 중학교 내신은 절대평가이지만 고등학교에서는 상대평가로 변화하고, 고등학교 과정에서는 문해력이 중점이 되기 때문입니다. 그렇기 때문에 중학교 내신 성적만으로는 고등학교에서 요구되는 실력을 충분히 갖추지 못할 수 있습니다.

쉬워 보이지만 간단하지 않다 : 절대평가

중학교 내신은 절대평가제로 운영되기 때문에, 모든 학생이 성실하게 공부하면 높은 학점을 받을 수 있습니다. 실제로 몇몇 학교에서는 학생의 절반 이상이 A학점을 받기도 하죠. 하지만 고등학교에 진학하면 상황이 크게 달라집니다. 고등학교 내신은 상대평가로 전환되며, 현재의 9등급제에서는 성적의 상위 4퍼센만 1등급을 받습니다. 즉, 중학교에서는 50퍼센트 이상의 학생이 A학점을 받았다면, 고등학교에서는 그 비율이 단 4퍼센트로 급격히 줄어드는 것입니다.

다행히도 2025년도 고등학교 내신 개편안에서는 절대평가(A~E)와 상대평가가 같이 표기되는데, 상대평가는 5등급제로 완화됩니다. 이에 따라 1등급의 비율이 상위 10퍼센트까지로 늘어납니다.

5등급이면 현행 9등급보다는 완화되는 것이지만, 중학교의

기존 상대평가(9등급)		완화된 상대평가(5등급)	
등급	누적비율	등급	누적비율
1등급	4%	1등급	10%
2등급	11%	2등급	34%
3등급	123%	3등급	66%
4등급	40%	4등급	90%
5등급	60%	5등급	100%
6등급	77%		
7등급	89%		
8등급	96%		
9등급	100%		

절대평가보다는 엄격한 평가가 이루어질 수밖에 없습니다. 여전히 중학교에서 A학점을 받았다고 해서 고등학교에서도 같은 성적을 유지할 것이라고 보장할 수 없습니다. 이런 구조적인 이유로 고등학교에서 성적이 하락하는 경우가 정말 많습니다.

따라서 중학교 시절부터 내신 A학점에 만족하지 않고, 고등학교에 대비하는 추가적인 준비가 반드시 필요합니다. 그리고 이 준비에 필요한 공부는 단순히 중학교 내신 성적을 높이기 위한 공부가 아니라, 고등학교 이후의 학습에도 성공적으로 활용할 수 있는 문해력을 기르는 공부입니다.

내신이 전부가 아니다
: 문법, 단어, 독해 전략

내신 성적에 신경 쓰는 것 자체가 잘못된 것은 아니지만, 내신 공부가 영어 공부의 전부라고 생각하는 것은 문제입니다. 중학교 영어에서는 단어, 문법, 말하기, 듣기, 쓰기, 읽기 등 다양한 영역을 다루지만, 고등학교 내신과 수능에서는 독해가 아주 큰 비중을 차지합니다. 그리고 독해를 뒷받침하는 문법과 어휘가 필요합니다. 중학교 공부만으로 고등학교 대비가 모두 되면 제일 좋겠지만 중학교는 최소한의 내용을 배우고, 고등학교에서 난이도가 가파르게 올라가기 때문에 고등학교를 대비하기 위해서는 스스로 별도의 준비를 할 필요가 있습니다. 중학교에서 내신만 보고 공부했을 때, 고등학교에서 다음과 같은 학습 공백에 봉착할 수 있습니다.

문법

중학교 교과서에서 문법을 배우지만, 문법 요소들이 여러 단원에 분산되어 있기 때문에 전체적인 문법 구조를 이해하기 어렵습니다. 마치 코끼리와 장님 이야기처럼, 한 부분만 보고 전체 문법 구조에서 그것이 어떤 역할을 하는지 파악하기 어려운 것입니다. 그래서 문법 요소들이 어떻게 서로 연관되는지, 상위 개념과 하위 개념이 어떻게 연결되는지 명확히 이해하기 힘들어집니다.

예를 들어 1단원에서 to 부정사의 명사적 용법을 배우고 8단원에서 형용사적 용법을 배우는 식으로 문법이 띄엄띄엄 제시되면, 학생들이 여러 용법 사이의 차이를 알고 구분하기가 어려울 수 있습니다.

따라서 문법은 방학처럼 여유 시간이 있을 때 전체적인 구조를 한 번에 정리해야 합니다. 문법을 체계적으로 정리해 큰 그림을 보게 된다면, 장기적으로 큰 도움이 될 것입니다.

단어

교과서에서는 매 단원마다 약 20개의 새로운 단어를 제시하지만, 그 단어들만으로는 고등학교 영어의 기초를 충분히 다질 수 없습니다. 교육부에서 지정한 필수 단어 수를 보면, 초등학교는 800단어, 중학교와 고등학교는 각각 1,800단어가 필요합니다. 하지만 수능에서 요구되는 지문 독해 능력을 기르기 위해서는 최소 6,000단어 이상을 숙지해야 합니다. 이와 비교했을 때, 교과서에 나오는 단어만 공부해서는 필수 어휘량을 충분히 확보하기 어렵기 때문에 별도로 더 많은 어휘를 보충할 필요가 있습니다.

독해

내신 시험을 준비하다 보면 자연스럽게 교과서 지문에만 집중하는 경우가 많습니다. 하지만 독해 능력을 기르기 위해서는 교과서 외 다양한 지문을 읽고 문제를 풀어보는 연습이 꼭 필요합니다. 교과서 지문을 분석하고 암기하는 방식만으로는, 처음 접하는 지문을 읽고 이해하는 능력을 키우기 어렵기 때문입니다. 고등학교에서는 훨씬 더 다양한 주제와 난이도의 지문이 출제되기 때문에, 교과서 밖의 텍스트를 꾸준히 접하면서 의미를 파악하고 문제를 해결하는 연습이 필수적입니다. 이렇게 다양하고 낯선 지문을 다루는 훈련을 해야만 고등학교에서 요구하는 문해력 평가에 충분히 대비할 수 있습니다.

내신 공부의 시간 관리

내신 준비도 해야 하고, 내신 외 학습도 신경 써야 하니 부담이 가중되어 안타깝습니다. 사람에게는 시간과 에너지가 한정되어 있으니, 균형을 잘 잡는 것이 중요합니다. 따라서 내신 준비에 적당한 시간만 투자할 수 있도록 계획을 세우는 것이 필요합니다. 내신에 지나치게 많은 시간을 쏟는 것은 바람직하지 않습니다. 내신 공부는 비교적 범위가 좁고 암기 위주이기 때문에, 여기에 너무 오랜 시간을 할애하면 오히려 전체적인 영어 실력 향상에 방해가 될 수 있습니다.

내신을 준비하는 기간을 한 시험에 한 달 정도로 제한하고, 나머지 시간에는 장기적인 영어 실력을 쌓는 데 할애하는 것이 좋습니다. 특목고 진학 등 내신 성적에 뚜렷한 목표가 있는 경우를 제외하고요. 이런 방법으로 내신도 챙기고 고등학교에서 필요한 실력을 충분히 기를 수 있으며, 고등학교에 진학했을 때 자신감을 가지고 영어 공부를 이어갈 수 있을 것입니다.

내신의 기본 지식

중학교에 대한 이야기에서 '내신' 이야기가 빠지지 않는데, 내신이 무엇일까요? 이름만 다를 뿐 결국 학교에서 받는 성적을 말하는 것입니다. 초등학교에서는 단원평가를 보고 학기말에 선생님이 평가표를 작성해 줍니다. 점수로 나올 때도 있지만 종종 공개되지 않기도 하며, 학기말 평가표에는 점수 대신 '매우 잘함', '잘함', '보통' 같은 기준이 적힙니다. 정확한 점수나 등수가 나오는 것이 아니니 때문에 경쟁 부담이 없는 것은 장점이지만, 반대로 아이가 학습 과정을 제대로 이해하고 있는지를 파악하기가 어렵습니다.

이와 달리 중학교에서는 정확한 수치로 계산된 점수를 받게 됩니다. 등수는 공식적으로나 비공식적으로 알려주는 경우도 있고, 그렇지 않더라도 점수를 알고 있으니 어렵지 않게 알 수 있습니다. 초등학교의 평가표만으로는 자신의 위치를 예측하기가 어려워서 잘하고 있다고 생각하다가 중학교에 올라와 처음으로 성적표를 받고 충격을 받는 경우도 있고, 반대로 초등학교에서 두각을 나타내지 못했던 조용한 학생들 중에 중학교에서 상위권의 성적이 나오는 경우도 있습니다.

한 학기 성적 산출방식

학교마다 한 학기 성적을 매기는 방식이 다를 수 있기 때문에, 자신이 입학한 학교에서 어떻게 성적을 계산하는지 먼저 파악하는 것이 중요합니다. 대체로 중간고사, 기말고사의 지필평가(요즘은 1차, 2차 지필평가라고도 부릅니다)와 말하기, 쓰기, 듣기 수행평가가 포함되곤 합니다. 하지만 학교에 따라 몇 가지 평가방식을 제외하는 경우도 있습니다. 주변의 선배들을 통해 미리 알 수도 있고, 학교에 입학하면 한 학기 평가 계획이 명확하게 공지됩니다. 예를 들어 다음과 같은 방식으로 성적을 산출할 수 있습니다.

1학기 성적 = 1차 지필평가(30퍼센트) + 2차 지필평가(30퍼센트) + 듣기평가(20퍼센트) + 말하기(10퍼센트) + 쓰기(10퍼센트) = 총 100점

또는

1차 지필평가(25퍼센트) + 2차 지필평가(25퍼센트) + 논술(40퍼센트) + 포트폴리오(숙제, 10퍼센트) = 총 100점

첫 번째 방식으로 성적을 산출하는 학교에서 한 학생이 듣기평가 19점, 중간고사 85점, 기말고사 90점, 말하기 9점, 쓰기 10점을 받았다면, 19 + 25.5(중간고사 환산) + 27(기말고사 환산) + 9 + 10 = 90.5점이 됩니다.

중간고사와 기말고사는 지필 평가로 시험지로 진행되고, 나머지 듣기, 말하기, 쓰기 평가는 수행평가라고 부릅니다. 학교에 따라 수행평가에 숙제 검사나 태도가 포함될 수도 있습니다. 우리는 흔히 시험만 중요하게 생각하지만, 사실 수행평가의 비중도 적지 않기 때문에 소홀히 해서는 안 됩니다.

중학교는
절대평가

절대평가와 상대평가는 평가 방식에서 큰 차이가 있습니다. 먼저 절대평가는 자신의 점수에 따라 등급이 결정되는 방식입니다. 예를 들어 90점 이상이면 A, 80점대는 B, 70점대는 C 등으로 일정 기준을 충족하면 그에 맞는 등급을 받게 됩니다. 이 방식은 다른 학생들의 성적과 상관없이 나의 점수만 높다면 높은 등급을 받을 수 있습니다. 시험이 쉬우면 A등급을 받는 학생들이 많아지고, 시험이 어려우면 A등급을 받는 학생들이 적어지는 특성이 있죠.

반면 상대평가는 내 점수를 다른 학생들과 비교합니다. 예를 들어 상위 4퍼센트에 들어야 A등급을 받을 수 있습니다. 그래서 상대평가는 다른 학생들과 경쟁이 중요하며, 내가 90점을 받더라도 다른 학생들이 나보다 더 높은 점수를 받으면 A등급을 받지 못할 수도 있습니다.

중학교 내신은 다행히 절대평가제를 따르고 있습니다. 예를 들어 1학기 성적이 90.5점이면 90점을 넘었으므로 A등급을 받게 됩니다. 절대평가제는 100점을 맞지 않아도 최고 등급을 받을 수 있다는 점에서 상대적으로 부담이 적고, 다른 학생들과 직접적인 경쟁을 하지 않아도 된다는 장점이 있습니다. 하지만

89점이나 79점을 받으면 각각 80점, 70점과 같은 등급을 받기 때문에 아쉽게 느껴질 수 있습니다.

등급	원점수
A	90-100
B	80-89.9
C	70-79.9
D	70-69.9
E	60점 미만

고등학교 내신은 상대평가제로 진행되므로 미리 마음의 준비를 해야 합니다. 하지만 수능 영어는 다시 절대평가입니다.

내신을 준비하는 요령

중학교에서 첫 성적은 두 번의 지필평가 점수와 대여섯 번의 수행평가 점수를 합산하여 결정됩니다. 첫 평가를 앞둔 시점에 불안감을 느끼는 건 누구나 마찬가지일 거예요. 하지만 불안감을 이겨내고 차분히 준비하는 방법을 찾는 것이 중요합니다. 어떻게 준비하면 좋을지 함께 생각해 봅시다.

기출문제 공부하기

어떤 시험이든 시험 대비의 첫걸음은 기출문제 분석입니다.

기출문제를 통해 시험의 전반적인 구조를 이해하면 큰 도움이 됩니다. 시험 문제가 매년 비슷한 방식으로 반복되는 경우가 많기 때문입니다.

'족보닷컴'과 같은 인터넷 사이트나 동네 선배를 통해 미리 얻을 수 있고, 입학 후 선생님께 부탁해서 받을 수도 있습니다. 근처 학교의 문제도 활용할 수 있으나, 같은 교과서를 쓰는지 꼭 확인해야 합니다.

기출문제를 분석할 때에는 어떤 유형이 어느 정도의 난이도로 출제되는지 확인하는 것이 좋습니다. 미리 기출문제를 보고 공부를 시작하면 공부의 방향을 잡는 데 도움이 많이 될 거예요. 이렇게 문제를 살펴보면 시험이 좀 더 구체적으로 느껴지기 때문에 심리적으로 훨씬 안정이 됩니다.

출제자는
우리 학교 선생님

단원 범위는 원칙적으로 수업에서 배운 내용으로 정해지며, 교과서, 평가문제집, 수업에서 제공된 프린트 자료를 기반으로 출제됩니다. 핵심은 시험 문제의 출제자가 바로 여러분의 학교 선생님이라는 사실입니다. 이 점에서 수업 시간에 배운 내용과 선생님의 설명을 꼼꼼히 기록하는 것이 매우 중요합니다. 유인물과 수업 필기를 철저히 복습하는 것이 최상의 준비 방법이 될 것입니다.

내신 만점에 가까운 학생들은 수업의 처음부터 끝까지 집중하여, 선생님이 말하는 모든 내용을 농담까지도 필기한다고 합니다. 어떤 학교는 교과서 구석에 있는 지엽적인 내용을 시험에 넣기도 하므로, 선생님께서 수업 시간에 강조한 부분을 잘 기억해 두는 것이 좋습니다.

가끔 떠도는 요령 중에는 같은 학년이더라도 반마다 선생님이 다를 수 있으니, 다른 반 친구와 필기를 바꿔 보라는 조언이나 시험 기간에 교무실을 돌며 어떤 교재를 참고하는지 알아보라는 이야기들이 있습니다. 또 시험을 앞둔 기간에 질문을 많이 하고, 선생님의 답변이 길거나 짧으면 잘 기억해 두라는 조언도 있는데, 과장된 부분도 있지만 완전히 틀린 말은 아닙니다. 결국 내신 준비의 핵심은 우리 학교 선생님이 가장 중요하다는 점입니다.

이런 요령까지는 실천하지 않더라도, 선생님께서 시험 직전에 강조하거나 설명하는 내용은 꼭 필기하세요. 여러 선생님들이 공동으로 시험 문제를 만들기 때문에, 혹시 우리 선생님이 가르치지 않은 내용이 시험에 나오게 된다면 반드시 시험 직전에 다시 짚어 주실 것입니다. 그러니 시험 직전에 선생님이 강조하는 내용은 시험에 나올 확률이 매우 높습니다. 저도 같은 경험이 있고요. 선생님께서 수업 중에 다루지 않은 내용은 시험에 나오지 않을 테니, 특히 마지막 정리 시간에 집중하는 것이 중요합니다.

교과서, 평가문제집, 문제풀이 활용법

교과서만으로는 시험 준비가 완벽하지 않을 수 있습니다. 영어 과목의 경우, 교과서 설명이 너무 간결하고 연습문제도 거의 없어 교과서만으로 학습하기에는 내신 대비가 부족합니다. 평가문제집은 교과서를 만든 출판사에서 제공하는 보충 교재로, 교과서와 같은 내용을 설명하면서 다양한 문제 유형을 통해 실전을 대비할 수 있습니다. 따라서 교과서와 평가문제집을 하나의 세트로 보고, 두 교재의 내용을 연계하여 학습하는 것이 바람직합니다.

하지만 평가문제집의 문제는 기본적인 문제가 대부분이므로, 더 난이도 있는 문제에 대비하기 위해서는 '내신콘서트' 시리즈나 '100발 100중' 시리즈 같은 내신 대비 문제집을 활용할 수 있습니다. 우리 학교의 교과서 출판사에 맞는 책을 찾아 문제 풀이를 하다 보면 영어 시험 문제의 유형에 익숙해지고, 시험에 대비하는 준비가 될 것입니다.

비록 고등학교 내신은 시험 범위가 넓고 난이도가 높아지지만, 시험의 기본적인 성격은 중학교와 크게 다르지 않습니다. 중학교 내신 평가는 대입에 영향을 미치지 않으므로, 고등학교 내신을 연습할 수 있는 좋은 기회입니다.

중학교 내신을 준비하면서 나만의 학습 방법, 준비 계획, 암기 전략 등을 실험해 보고 점검해 보세요. 내가 얼마나 수업을 잘 이해하는지, 온라인 오프라인 수업에 잘 적응하는지, 어떤 방식의 문제풀이가 효과적인지, 필기를 잘 정리하는지 등 나를 알아가 보세요. 중학교 때 성실히 연습해 두면 장기적으로 학습 능력과 성취도가 크게 향상될 것입니다.

특히 처음부터 학원이나 선생님에게 의존하지 말고, 스스로 최대한 해보는 것도 추천합니다. 시행착오를 겪으면서 자신의 장단점을 분석해 보고, '자기 객관화'와 '자가 진단'을 연습해 보세요. 이렇게 하면 어떤 종류의 교재가 본인에게 적합할지, 어떤 부분을 사교육이나 인강으로 보충해야 할지 구체적인 전략을 세울 수 있습니다. 이것이야말로 진정한 자기 주도 학습입니다. 시간이 지날수록 부모님보다 내가 결정하는 부분이 생길 것입니다. 나에 대해 제일 잘 알 수 있는 사람은 결국 나 자신이기 때문입니다.

중학교 시절 자체도 중요하지만, 길게 보면 중학교는 실전에 들어가기 전 연습 기간이라 할 수 있습니다. 이 중요한 시간을 요긴하게 활용해, 나만의 학습 방식을 찾길 바랍니다.

더 읽어보기

수행평가

수행평가는 과제를 수행하는 과정을 평가하는 평가 방식입니다. 지필평가가 배운 내용을 한 번에 점검하는 데 초점을 맞춘다면, 수행평가는 학생들이 수업 시간 중에 과제를 수행하면서 그 과정을 평가하는 '과정 중심적 평가'입니다. 수행평가는 단순히 과제를 잘 마치는 것뿐 아니라 성실한 태도와 참여도도 평가의 중요한 요소로 작용합니다. 그렇기 때문에 특별한 영어 실력이 없어도 성실하게 과제를 수행한다면 좋은 점수를 얻을 수 있습니다.

수행평가의 유형

수행평가는 개별 학교 선생님들이 정하기 때문에 세부적인 내용과 항목이 다를 수 있습니다. 학교별로 비슷한 수행평가를 매년 반복하므로, 입학 전에 미리 주변에 알아보는 것도 좋은 방법입니다. 또 학기 초에 선생님께서 평가 계획을 공지하기 때문에 학기 초에 미리 알아둘 수 있습니다. 학교별로 다르지만 많은 학교에서는 말하기, 쓰기, 듣기 평가 등의 유형으로 수행평가를 실시합니다. 각 유형별로 준비하는 방법을 살펴보겠습니다.

말하기 평가

말하기 평가는 대본을 작성한 후 그에 맞춰 스피치를 진행하는 방식이 일반적입니다. 여기서 중요한 점은 즉흥적인 스피치나 유창성보다는, 학기 중에 배운 문법 사항을 얼마나 잘 반영했는지에 초점이 맞춰진다는 것입니다. 예를 들어 학기 중에 배운 특정 문법을 대본에 포함시켜야 하거나, 주어진 주제에 맞춰 논리적으로 글을 작성해야 하는 조건이 있을 수 있습니다. 그리고 원고를 작성하고 연습할 충분한 시간이 주어집니다. 따라서 스피킹이 유창하지 않더라도 성실히 대본을 작성하고 이를 바탕으로 발표하는 연습을 한다면 좋은 결과를 받을 수 있습니다. 아래에 예시를 적어 보았으니 한번 살펴 보세요.

▷ **중학교 1학년 말하기 수행평가** (예시)

주제: 주말에 있었던 일과 자신의 관심사

〈작성 조건〉

1문장당 4단어 이상으로 작성할 것

총 10문장 이상으로 작성할 것

일반동사의 과거형 3회 이상 사용할 것

I'm interested in을 1회 이상 사용할 것

쓰기 평가

쓰기 평가는 말하기 평가와 유사하게 진행됩니다. 학기 중에 배운 문법 사항을 포함해 글을 작성하는 것이 일반적인 요구 사항입니다. 주제도 정해져 있고, 몇 문장 이상 작성해야 하는 등 다양한 조건이 붙습니다. 평가 기준은 문법적 정확성, 조건 충족 여부, 창의성입니다. 따라서 글을 작성할 때는 주어진 조건을 잘 파악하고 그것에 맞춰 쓰는 것이 중요합니다.

▷ 중학교 1학년 쓰기 수행평가 (예시)

〈Questions〉

What is your dream job?

What are you going to do to have the job?

〈필수 조건〉

질문에 대한 대답을 한 문장으로 쓸 것.

to 부정사를 한 번 이상 사용할 것.

접속사 when을 한 번 이상 사용할 것.

be going to 표현을 한 번 이상 사용할 것.

인사(hi, bye 등)와 같이 주제와 직접 관련이 없는 문장은 제외.

듣기 평가

듣기 평가는 전국 교육청 공동 주관 평가로 전국에서 동일하게 치르는 경우가 많습니다. 라디오를 통해 매년 4월과 9월에 전국 듣기 평가 문제를 송출하고 문제를 푸는 방식으로 평가가 이루어집니다. 날짜와 시간이 정해져 있어, 다른 시간으로 조정할 수 없기 때문에 학생들은 미리 준비를 해야 합니다. 듣기 평가의 난이도는 비교적 쉬운 편이지만, 자주 접해 보지 않은 학생에게는 낯설게 느껴질 수 있습니다. EBS에서 과거의 기출

문제를 제공하므로, 듣기평가 전에 이전 3년의 기출 문제를 풀어 보는 것을 추천합니다. 이를 통해 시험에 대한 부담을 줄이고, 실제 평가에서 자신감을 가질 수 있습니다. 내신 듣기평가뿐 아니라 듣기는 수능 영어에도 17문항을 차지하므로 꾸준히 연습을 해 둘 필요가 있습니다. 듣기에 대한 자세한 내용을 7장에서 설명하겠습니다.

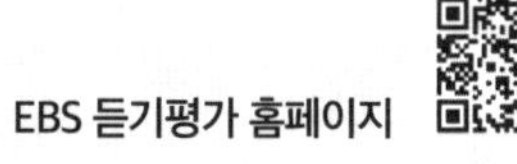
EBS 듣기평가 홈페이지

반드시 기억할 것
: 마감일 지키기

중학교에서 수행평가의 비중은 결코 적지 않습니다. 점수에서 40퍼센트 이상 차지하기도 하는 만큼, 시간적으로 많은 부분을 차지합니다. 예를 들어 말하기 수행평가는 초안 작성, 수정본 작성, 발표 등 여러 단계로 나뉘어 진행됩니다. 지필평가는 한 번에 끝나는 반면, 수행평가는 한 학기에 여러 차례 마감일을 신경 써야 하는 복잡한 과정을 요구합니다. 과목도 영어뿐 아니라 국어, 수학, 과학, 예체능 과목까지 포함되기 때문에, 중학교에서 수행평가 과제의 양은 상당히 많습니다.

수행평가의 평가 점수 자체는 변별력이 크지 않지만, 과제를 제출하지 않거나 지연 제출하면 감점이 확실하기 때문에 습관이 안 되면 큰 차이가 벌어질 수 있습니다. 중학교에서는 각 과목마다 담당 교사가 따로 있기 때문에 담임 선생님이 과제 제출일을 챙겨 주지 않습니다. 이런 이유로 여학생들이 성적이 더 좋다는 이야기가 나오기도 하는데, 이는 여학생들이 과제물 제출일을 꼼꼼히 챙기기 때문이라는 분석이 있습니다. 하지만 실제 교실에서는 남학생들도 날짜를 놓치지 않고 철저하게 관리하는 경우가 많습니다.

비결
: 플래너 쓰기

수행평가를 잘 관리하려면 매일 받은 과제를 기록하는 방식의 '알림장'보다는 마감 날짜에 맞춰 할 일을 적어두는 '플래너'를 활용하는 것이 훨씬 더 효과적입니다. 전통적인 알림장은 그날 나온 숙제만 적고 이후에 할 일을 잊어버릴 수 있지만, 플래너는 날짜별로 과제 마감일을 미리 적어둘 수 있어 체계적으로 준비하는 데 큰 도움이 됩니다. 예를 들어 수행평가 마감일을 미리 플래너에 적어두면, 시간이 다가올수록 자연스럽게 마감일을 확인하게 되어 준비를 놓치지 않게 됩니다.

수행평가 관리를 위해서는 자신에게 맞는 플래너를 찾는 것이 중요합니다. 학생마다 성향이 다르기 때문에 어떤 플래너가 가장 적합한지는 다를 수 있습니다. 어떤 형태이든 플래너를 사용하여 과제 마감일을 꼼꼼히 확인하고, 남은 시간을 효율적으로 활용하는 것은 수행평가에서 좋은 성적을 받는 데 매우 유용한 방법입니다.

수행평가는 중학교에서 매우 중요한 평가 방식입니다. 단순히 지필고사에서 좋은 성적을 받는 것만으로는 중학교 영어 학습에서 성공했다고 할 수 없으며, 말하기, 쓰기, 듣기 평가와 같은 다양한 수행평가를 통해 전반적인 영어 능력을 향상시키는 것이 필요합니다. 이와 함께 플래너를 활용해 체계적으로 과제 마감일을 관리하면, 많은 과목의 수행평가를 효율적으로 준비할 수 있을 뿐만 아니라 성적 향상에도 큰 도움이 될 것입니다.

7장

영어 선생님의 공부법

ABC

영어 듣기를 연습하는 방법

영어 학습에서 듣기 능력은 매우 중요한 요소입니다. 내신 수행평가에서 듣기평가를 매년 실시하는 경우가 많으며, 특히 수능 영어 시험에서는 총 45문항 중 17문항이 듣기 문항으로 구성되어 전체 점수의 약 30~40점을 차지합니다. 듣기 파트는 독해 파트보다 난이도가 낮아, 점수를 상대적으로 쉽게 얻을 수 있는 기회이기도 합니다.

듣기 실력은 학생뿐만 아니라 성인에게도 중요합니다. 취업 준비 과정에서도 토익이나 토플의 리스닝 점수가 필요하며, 영어가 필요한 직장에서 원활한 의사소통과 관계 형성을 위해서 영어를 듣고 이해하는 능력은 필수입니다. 예를 들어 변호사인

제 친구는 외국인 고객과 대화할 때 상대의 말을 정확히 이해하지 못해 계속 자기 이야기만 이어 가는 경우가 많다고 합니다. 이처럼 듣기는 의사소통의 필수 요소로, 듣기 실력을 키우는 것이 중요합니다. 아래에서 듣기 실력을 키우는 방법을 살펴볼게요.

흘려듣기 (Passive Listening)

'흘려듣기'는 어린아이들에게 언어 환경을 익히도록 도와주기 위해 흔히 사용되는데요. 정확한 이해를 목표로 하지 않고, 단순히 귀에 영어 소리가 들리도록 하는 방식입니다. 하지만 이 방식은 영어에 익숙해지게 할 수는 있지만, 정확히 듣고 이해하는 데는 큰 도움이 되지 않습니다. 특히 중학생 이상의 학습자에게는 대충 듣는 습관이 형성될 수 있어 추천하지 않습니다. 중학생 이상이라면 흘려듣기보다는 정확하게 듣고 이해하는 연습에 중점을 두는 것이 좋습니다.

딕테이션 (받아쓰기)

기출문제 연습이 시작과 마지막에 해야 하는 일이라면, 중간 단계에서는 정확히 듣는 연습이 필요합니다. 빈 칸 딕테이션은 이를 위한 효과적인 방법으로, 내용을 듣고 대본의 빈칸에 맞는 단어를 채워 넣는 방식입니다. 이를 통해 어느 부분이 잘 들리지 않는지 파악할 수 있고, 왜 그 부분이 잘 들리지 않았는지 (묵음, 연음 등)를 분석하여 반복 학습을 통해 청취력을 늘릴 수 있습니다.

독해처럼 접근하기

듣기 학습은 독해와도 연결되어 있습니다. 청취한 문장을 이해하는 것이 중요하기 때문에, 듣기 문제의 대본을 보며 내용 이해에 어려움이 없는지 점검하는 것이 좋습니다. 듣기는 가능하지만 문장 이해력이 부족하다면 이 부분을 보완해야 합니다. 독해 학습을 통해 문장 이해력이 높아지므로, 듣기 학습에서 자주 등장하는 단어나 표현을 익히며 문장 이해력을 높일 필요가 있습니다.

듣기 자료 활용하기

듣기 실력을 체계적으로 기르기 위해서는 전문 교재를 활용하는 것이 도움이 됩니다. 예를 들어 'Bricks Listening' 시리즈나 '마더텅 100% 실전대비 MP3 중학영어듣기 24회 모의고사' 시리즈 등은 여러 연습문제로 구성되어 기초부터 차근차근 실력을 쌓을 수 있습니다. 교재를 이용하여 단어와 받아쓰기,

문제 풀이 등을 연습하고 듣기 실력을 향상할 수 있습니다.

또한 EBS에서 제공하는 듣기평가 기출문제도 유용한 자료입니다. 인터넷에서 학년별 기출문제를 쉽게 구할 수 있으며, 난이도를 점차 높여 가며 고등학교 모의고사나 수능 듣기 문제로 연습하면 실력 점검에 도움이 됩니다.

듣기는 영어 학습의 기초이자, 이후 영어를 사용할 때 큰 자산이 될 수 있습니다. 기초를 다지고 다양한 자료와 방법을 활용해 재미있게 실력을 향상해 보세요. 즐기면서 연습하다 보면 세계 여러 나라 사람과 소통이 자연스러워지고, 언젠가 새로운 기회를 맞이할 수도 있습니다.

공부 거리가 무궁무진
: 추천 자료

TED(https://www.ted.com)

TED는 다양한 분야의 전문가들이 15분 내외로 강연한 것을 모은 사이트입니다. 듣기뿐만 아니라 배경 지식과 삶 전반에 대한 통찰도 배우게 됩니다. 강연자들의 발음이 명확하고, 속도도 빠르지 않으며, 대본이 제공되어 편리하게 보고 학습에 사용할 수 있습니다.

홈페이지에 접속하여, 주제를 선정합니다. AI, Language, Psychology 등 정말 다양한 분야의 강연을 접할 수 있습니다. 중학생에게는 아직 어려운 내용이 있기도 하지만, 대체로 전문가가 아닌 일반 대중을 위한 강연이기 때문에 충분히 이해할 수 있는 영상을 쉽게 찾을 수 있습니다.

특히 TED에서 검색란에 "kids"를 입력하고 검색하면 'Talks by brilliant kids and teens', 'Kids', 'teens and their great big ideas', 'Talks to watch with kids' 등의 목록이 나옵니다. 이 목록들은 청소년이 듣기에 좋은 강연을 모은 것으로, 청소년이 자신의 연구에 대해 강연한 영상도 찾을 수 있습니다. 또 TED-ed 탭에는 사회, 과학 분야에 대한 다양한 영상도 많이 올라와 있습니다.

다음과 같은 순서로 공부하는 것을 추천합니다. 강연을 처음에는 편하게 들어보다가, 대본을 확인하고, 모르는 단어를 찾아보면서 익힙니다. 그다음 한 문장씩 듣고 직접 따라 읽습니다. 대본이나 자막 없이 다 알아들을 수 있도록 두세 번 반복해서 들어보는 것을 추천합니다.

이 방식은 학습이 주된 목적이라기보다는 좀 더 재미있게 공부할 수 있는 시간입니다. 편한 마음으로 시도해 보면 좋을 거예요.

영어 시트콤, 드라마, 애니메이션

어린이들의 눈높이에 적합한 영어 드라마를 보면서 재미있게 접근할 수 있습니다. 넷플릭스, 쿠팡플레이, 디즈니플러스 등에서 어린이용 시트콤과 드라마를 찾을 수 있습니다. 처음에는 자막을 보면서 시청하고, 익숙해진 다음에는 자막 없이 시청하는 방식으로 공부하면 자연스럽게 영어 듣기가 향상될 것입니다.

추천 어린이 드라마

〈The Worst Witch〉(꼴찌마녀 밀드레드, 2017)
영국 코미디 드라마로, 마법학교에 다니는 어설픈 마녀 밀드레드가 성장하며 겪는 모험에 대한 내용입니다. 넷플릭스에서 볼 수 있습니다.

〈The Baby-Sitters Club〉(베이비시터클럽, 2020)
미국 드라마로, 베이비시터 일을 하는 청소년들의 우정과 성장 이야기를 담았습니다. 넷플릭스에서 시청할 수 있습니다.

〈Ivy + Bean〉(아이비랑 빈이 만났을 때, 2022)
미국 어린이 영화로, 서로 다른 성격의 두 친구가 모험을 벌이는 이야기입니다. 넷플릭스에서 볼 수 있습니다.

〈The Epic Tales of Captain Underpants〉

(겁쟁이 고양이들의 모험, 2018)

미국 애니메이션으로, 초등학생들이 만든 영웅 캡틴 언더팬츠가 등장하는 유쾌한 모험을 다룹니다. 넷플릭스에서 제공됩니다.

〈The InBESTigators〉(베스트탐정단, 2019)

호주 드라마로, 초등학생 탐정단이 다양한 사건을 해결하며 벌어지는 코믹한 이야기를 다룹니다. 넷플릭스에서 볼 수 있습니다.

〈The Queen's Gambit〉(퀸스 갬빗, 2020)

미국 미니시리즈로, 체스 천재 소녀 베스 하먼이 세계적인 체스 챔피언에 도전하는 여정을 그렸습니다. 넷플릭스에서 볼 수 있습니다.

〈Raising Dion〉(라이징 디온, 2019)

미국 드라마로, 초능력을 가진 아들을 키우며 그를 보호하기 위해 노력하는 엄마의 감동적이고 초현실적인 이야기를 다룹니다. 넷플릭스에서 시청할 수 있습니다.

ABC

영어 말하기를 연습하는 방법

중학교 영어 학습 과정에서 원어민처럼 유창한 말하기 능력을 요구하지는 않습니다. 중학교 과정에서는 영어 말하기보다 독해와 문법, 쓰기에 중점을 두기 때문에 말하기 실력이 필수적이지는 않습니다. 따라서 학교 성적이나 수능을 위해 말하기를 당장 집중적으로 공부할 필요가 없으며, 독해에 집중하는 것이 더 효과적일 수 있습니다.

다만 영어로 말하는 것에 관심이 있거나 장기적으로 영어 회화 실력을 기르고 싶은 학생이라면, 취미 삼아 일찍부터 말하기를 연습해 보는 것도 좋습니다. 특히 앞으로 다양한 분야에서 국제적인 교류나 외국인과 소통이 더 많아질 것을 고려한다면, 말하기 능력은 훌륭한 자산이 될 수 있습니다.

말하기 연습을 위한 효과적인 방법은 크게 세 가지로 나누어 볼 수 있습니다. 따라 읽기, 화상영어 또는 해외 온라인 수업을 통한 대화, 인공지능과 대화입니다. 세 가지 방법을 활용해 영어 말하기의 기초부터 실전까지 수준별로 연습할 수 있습니다.

따라 읽기

따라 읽기는 가장 기초적인 말하기 연습 방법으로, 정확하게 발음하고 문장 구조를 이해하는 데 큰 도움이 됩니다. 마치 작가가 필사를 통해 글쓰기를 연습하는 것처럼, 영어로 말하는 것 역시 연사의 발음을 듣고 그대로 따라해 보는 방식으로 익힐 수 있습니다. 이 과정에서는 실질적인 대화보다 기본적인 발음과 문장 구조를 익히는 데 집중하게 됩니다.

효과적인 따라 읽기 자료로는 TED 강연 대본이나 영어 드라마나 애니메이션의 대사, 영어책의 오디오북을 활용하는 것을 추천합니다. TED 강연은 발음이 명확하고 다양한 주제를 다루기 때문에 반복 연습하기 좋습니다. 자연스러운 회화를 원한다면 본인이 좋아하는 드라마나 애니메이션에서 하나의 캐릭터 역할을 맡아 따라해 보는 것도 재미있게 연습할 수 있는 방법입니다. 특정 대사를 외워서 마치 연기하듯이 연습하면 영어 표현이 입에 자연스럽게 익숙해집니다. TED는 대본을 제공하고, 드라마나 애니메이션의 대본은 자막을 받아서 쉽게 얻을 수 있습니다.

또 영어 책의 오디오북을 따라 읽는 것도 좋은 연습 방법입니다. 요즘은 도서관이나 유튜브 등에서 오디오북 자료를 쉽게 구할 수 있기 때문에 실물 책을 보며 따라 읽는 연습을 할 수 있습니다. 이를 통해 문장 구조와 발음에 익숙해질 수 있으며, 자연스럽게 영어로 말하는 감각을 기르는 데 도움이 됩니다.

화상영어

따라 읽기 연습으로 발음과 문장 구조에 어느 정도 익숙해졌다면, 실전 대화를 통해 영어 회화를 연습해 볼 수 있습니다. 이때 유용한 방법이 바로 화상영어 수업입니다. 화상영어는 인터넷을 통해 원어민 선생님과 직접 대화하는 방식으로 진행되기 때문에, 실제 영어로 의사소통을 하며 자연스러운 대화를 익히는 데 큰 도움이 됩니다.

화상영어 프로그램은 다양한 사이트에서 제공되며, 수업 난이도와 선생님의 국적, 수업 방식 등을 선택할 수 있어 자신에게 맞는 스타일로 수업을 받을 수 있습니다. 예를 들어 선생님과 대화 주제를 미리 정해 토론을 하거나, 일상생활에 대해서 이야기하거나, 아니면 선생님이 준비하는 강의 자료를 배우면서 이야기하는 방식을 시도할 수 있습니다.

화상영어는 다양한 업체가 있어서 인터넷에서 쉽게 찾아 이용할 수 있습니다. 나의 연령대와 영어 수준에 맞는 선생님이 있는 업체를 선정하는 것이 좋습니다.

외국 학생들과 함께하는 온라인 수업

어느 정도 듣기와 말하기가 가능해졌다면, 외국 친구들이 많이 수강하는 온라인 수업에 참여해 보는 것도 추천합니다. 'Outschool' 같은 플랫폼에서는 전 세계 여러 나라 학생들이 참여하는 수업이 제공되며, 어린 학생부터 중고등학생까지 다양한 연령대를 위한 강의가 준비되어 있습니다. 선생님이 개설한 강의 중 나에게 맞는 시간대의 수업을 선택해 참여할 수 있으며, 수업은 영어로 진행됩니다.

이러한 수업에 참여하면 여러 나라 친구들과 온라인으로 소통하며 자연스럽게 영어 말하기를 연습할 수 있고, 다양한 지식과 문화를 배울 수 있는 좋은 기회가 됩니다.

인공지능 이용하기

화상영어를 통해 실전 대화 연습을 하는 것이 부끄럽거나 시간적으로 여유가 부족한 학생들에게는 인공지능과 대화가 효과적인 대안이 될 수 있습니다. 최근 인공지능 기술의 발전으로 다양한 애플리케이션과 프로그램을 통해 영어 말하기를 연습할 수 있게 되었습니다. 예를 들어 ChatGPT 앱에서 채팅창 옆의 음성대화 버튼을 클릭하면 사람 목소리의 인공지능이 등장합니다. 특정한 상황을 설정한 뒤 인공지능과 대화하면 그 상황에 맞는 대화를 연습할 수 있습니다.

인공지능과의 대화는 사람과 비슷하게 소통할 수 있어 실제 말하기 연습이 가능하지만, 대상이 인공지능이라는 점에서 부끄러움이나 창피함을 덜 느끼게 되어 편하게 접근할 수 있습니다. 반면 감정 교류가 필요한 대화를 선호하는 사람들에게는 인공지능과의 대화가 다소 부족하게 느껴질 수 있습니다.

인공지능 대화의 또 다른 장점은 장소나 시간, 주제나 배경지식에 구애받지 않는다는 점입니다. 정해진 시간이나 장소에 얽매이지 않고 언제든지 대화를 시작할 수 있어 편리하며, 대화 주제를 자유롭게 선택할 수 있어 특정 상황에 맞는 영어 표현을 연습하기에도 좋습니다. 또한 특정 주제로 깊이 있는 대화를 시도해 볼 수도 있어 더 정확하게 토론하는 능력을 기르는 데도 도움을 받을 수 있습니다.

영어 말하기는 당장 학교 공부에는 필수적이지 않지만, 장기적으로는 큰 자산이 됩니다. 영어로 말하는 능력은 앞으로 국제적인 환경에서 원활하게 소통하기 위해 꼭 필요한 역량이기 때문입니다. 영어 말하기 실력을 갖추게 되면 다양한 문화 배경을 이해하고 다른 사람들과 수월하게 교류할 수 있습니다.

ABC

영어 글쓰기를 연습하는 방법

글쓰기는 언어 기능 중 가장 고차원적이며 어려운 영역입니다. 사람은 말하고 듣고 읽는 능력을 비교적 쉽게 익힐 수 있지만, 쓰기 능력은 체계적인 교육 없이 익히기 어려워 여러 영역 중 가장 복잡한 과정을 요구합니다. 글쓰기는 일을 하거나 중요한 내용을 전달할 때 반드시 필요한 기술입니다.

많은 직업에서 글쓰기 능력이 반드시 필요합니다. 이메일을 쓰거나, 연구 결과를 보고서나 논문으로 정리해 발표하는 등 다양한 상황에서 글을 써야 합니다. 특히 전문 분야일수록 말보다 문서로 소통할 일이 많습니다. 이런 이유로 글쓰기는 직업적 사회적 성공에 큰 영향을 미치는 중요한 자산입니다.

그러나 현실적으로 중학교 성적에서 글쓰기가 차지하는 비중이 크지 않은 편입니다. 중학교 수행평가에서 글쓰기 과제가 포함되기는 하나, 형식이 정해진 경우가 많고 충분한 준비 시간이 제공되어 창의적인 글쓰기 역량을 평가하기에는 한계가 있습니다. 고등학교에서는 학교에 따라 서술형 문제를 통해 글쓰기 평가가 이루어지기도 하지만, 이런 평가를 위해서는 본격적인 글쓰기 실력을 기르기보다 내신을 대비하는 편이 더 효과적입니다.

따라서 당장 내신 성적에 중점을 두어야 한다면 중학교 시기에 글쓰기 학습에 집중할 필요는 없습니다. 그러나 글쓰기에 흥미가 있거나 여유가 있다면 에세이 쓰기, 일기 쓰기, 독후감 쓰기 등의 활동으로 글쓰기 연습을 가볍게 시작해 볼 수 있습니다.

에세이 쓰기

에세이 쓰기에 관심이 있다면, 토플 교재를 활용해 에세이 형식을 연습해 보는 것도 좋은 방법입니다. 에세이는 정해진 형식만 익히면 비교적 쉽게 작성할 수 있습니다. 예를 들어 전형적인 에세이 형식은 서론 1단락, 본론 3단락, 결론 1난락으로 구성됩니다. 본론의 각 단락에서는 첫 문장에 주장(주제문)을 적고, 이후 네다섯 문장으로 근거를 덧붙입니다. 이렇게 형식이 정해져 있기 때문에 글을 시작할 때 부담이 적고, 특별한 배경 지식 없이도 자신의 생각을 정리하는 데 유용합니다.

자유로운 글쓰기

형식에 얽매이지 않고 자유롭게 글을 써 보는 것도 좋습니다. 일기, 독후감, 짧은 이야기 쓰기 등을 통해 생각을 글로 표현하는 연습을 할 수 있습니다. 이 과정에서는 문법이나 단어 사용에 지나치게 신경 쓰기보다 글을 쓰는 것 자체에 의미를 두는 것이 중요합니다. 이런 방식은 글쓰기의 기본 감각을 익히고 다작하는 습관을 형성하는 데 도움이 됩니다.

문법에 맞게 쓰기

시험을 위한 글쓰기에서는 내용의 완성도뿐만 아니라 문법적 정확성도 중요한 평가 요소입니다. 이런 언어적 정확성은 단순 글쓰기만으로는 한계가 있으며, 별도로 문법 학습을 하면서 이와 연결해서 쓰기를 연습해야 합니다. 예를 들어 문법을 학습할 때, 배운 문법 지식을 적용하여 나만의 예문을 만들어 보면 도움이 됩니다. 또한 문법에 쓰기 연습을 더한 교재를 활용하는 것도 효과적입니다. 예를 들어 '중학 영어 쓰작' 시리즈,

'문법이 쓰기다' 시리즈, 'Rhythm Grammar' 시리즈, '중학영문법 3800제 서술형' 시리즈 같은 교재는 문법 내용을 간단히 설명하고 문장으로 쓰는 연습문제를 제시합니다. 이런 교재를 활용하면 문법 자체만 배우는 것이 아니라, 문법적으로 정확한 문장을 쓰는 것을 연습할 수 있습니다. 이런 연습으로 내신 서술형을 대비할 수도 있고, 일반 글쓰기에서도 문법적 정확성을 향상할 수 있습니다.

추천 교재

김기훈 외 지음, '중학 영어 쓰작' 시리즈
키 영어학습방법연구소 지음, '문법이 쓰기다' 시리즈
Hana Sakuragi 외 지음, 'Rhythm Grammar' 시리즈
마더텅 편집부 지음, '중학영문법 3800제 서술형' 시리즈

배경지식 채우기

풍부하고 깊이 있는 글을 쓰려면 배경지식이 탄탄해야 합니다. 배경지식은 글쓰기 수업이나 교재만으로 쌓을 수 없기 때문에 평소에 많이 읽는 것이 중요합니다. 글을 읽다가 인상 깊은 문구나 표현이 있다면 기록해 두고 비슷한 상황에서 사용해 보는 것도 좋은 연습이 될 수 있습니다.

영어 글쓰기는 에세이 쓰기뿐만 아니라 자유롭고 창의적인

글쓰기, 일기 쓰기 등 다양한 형태로 접근할 수 있습니다. 글쓰기 학습의 목적에 따라 방법과 형식이 달라질 것이며, 중학교에서 배우는 문법과 어휘로 문장의 정확성을 높이고자 할 때에도 좋은 연습 기회가 될 수 있습니다.

국어 문해력이 중요하다

영어 문해력을 키우는 과정에서, 우리는 모국어인 한국어 문해력이 중요하다는 사실을 절대 간과할 수 없습니다. 대부분의 학생들이 한국에서 초등학교와 중학교를 다니며 우리말로 배우고 생활하기 때문에, 모국어를 통해 언어 능력을 향상시키고 배경 지식을 쌓게 됩니다.

모국어 문해력을 절대 등한시해서는 안 됩니다. 결국 좋은 성적을 거두는 학생들은 대개 언어 능력이 뛰어나고, 국어 독해도 빠르게 소화할 수 있는 학생들이기 때문입니다. 이들은 문제 출제자의 의도를 잘 파악하고, 국어뿐 아니라 모든 과목에서 내용을 흡수하는 능력이 뛰어납니다.

그래서 영어 공부와 국어 공부를 분리할 수 없습니다. 요즘 수능 언어시험이 점점 어려워지고 중요성이 커지면서 "국어 성적을 올리려면 다시 태어나야 한다"는 농담도 종종 듣게 되는데요. 하지만 국어 능력과 영어 능력은 함께 향상시킬 수 있습니다. 국어 능력이 좋다고 해서 영어를 잘하는 것은 아니지만, 국어 능력이 부족한 상태에서 영어만 계속 공부하면 한계가 분명합니다.

영어에도 필요한 국어 실력

《공부머리 독서법》의 저자는 학교에서 제대로 공부하기 위해서는 교과서의 내용을 이해할 수 있는 문해력이 필수라고 주장합니다. 충분한 독서를 통해 국어 능력뿐만 아니라 다른 과목에서도 도움을 받을 수 있다고 강조하죠.

여기서 말하는 다른 과목에 영어도 포함된다고 생각합니다. 국어 능력이 현저히 떨어지는데 영어를 잘하는 경우는 아주 저학년, 기초 단계의 영어에 국한되는 경우가 많습니다. 수능 영어에서 요구하는 난이도까지 올라가려면, 모국어에서 일정 수준의 독해 능력과 배경지식이 필요합니다.

중학교 3학년과 고등학교에 올라가면 지문을 읽고 문제를 푸는 일이 많아집니다. 그때 필요한 것은 지식이 아니라 지문을 이해할 수 있는 어휘력과 문장 이해력이죠. 새로운 내용에 대해 호기심을 갖고, 다양한 독서를 통해 지식을 쌓는 경험이 필요합니다. 관련 배경지식이 있고, 그에 맞는 영어 단어를 알고 있다면 더욱 좋겠죠. 예를 들어 네안데르탈인의 두개골에 관한 내용을 읽으려면, 고고학에 대한 기본적인 지식이 필요합니다.

뿐만 아니라 독해 문제를 풀 때는 논리력과 추리력이 요구됩니다. 단순히 내용을 해독하는 것을 넘어서 문맥에 맞는 단어를 찾고, 주어진 정보에서 추론하는 능력이 필요하죠. 이러한 능력은 국어 공부를 통해 충분히 키울 수 있습니다. 많은 독서를 통해 논리력을 기르면 영어 지문을 읽을 때도 그 능력을 발휘할 수 있습니다.

이런 기본적인 언어 능력은 하루 아침에 느는 것이 아니므로, 중학교 시절에 독서를 게을리 하지 않기를 권장합니다. 매일 짧게라도 독서하는 습관을 들이면 좋습니다. 관심 있는 분야부터 시작하거나, 학교에서 배우는 내용과 관련 있는 내용을 읽는 것이죠. 어려운 책은 먼저 한국어로 읽고, 영어로 다시 읽어보는 방법도 유용합니다. 이렇게 하면 배경지식을 쌓고 영어 표현도 익힐 수 있습니다.

충분한 시간을 들여야 한다

효율적인 공부는 제가 여러 차례 강조한 개념입니다. 실제로 저는 시간을 효율적으로 사용하여 더 큰 성과를 내는 것이 학습에서 매우 중요한 요소라고 생각합니다. 하지만 효율적으로 공부하는 것을 강조하다 보니, 다른 중요한 것을 간과할 수 있겠다는 생각이 들었습니다. 그것은 바로 '충분한 시간'입니다. 효율적으로 공부해서 들이는 시간을 줄이는 것이 좋기는 하지만, 그렇다고 해서 적은 시간만으로 쉽게 달성된다거나, 얕고 쉽게 요령으로 승부를 볼 수 있다는 뜻은 아닙니다. 그러한 방식은 오히려 멀리 깊이 가지 못합니다. 효율적인 학습은 분명 중요한 목표이지만 그것은 방향이 제대로 정해진 공부 방식을 의미할 뿐, 묵묵하고 꾸준하게, 약간은 미련할 정도로 충분한 시간을 들이는 것이 필요합니다.

공부는 종종 밑 빠진 항아리에 물 붓기에 비유됩니다. 수능 같은 큰 시험을 대비한다면 그건 정말 큰 항아리죠. 열심히 공부할 때는 실력이 쌓이지만, 잠시 멈추면 서서히 빠져나갑니다. 외국어 능력은 특히 그렇습니다. 언어를 배우고 익히며 실력을 유지하는 데는 꾸준한 노력이 필요합니다. 학습의 효율성을 높이는 것은 그 과정에서 더 효과적으로 물 붓는 방법을 찾는 것과 같지만, 아무리 효율이 높더라도 매일 5분만 공부한다면 항아리를 가득 채우기는 어렵습니다. 결국 학습에서는 효율적인 방법과 더불어 충분한 시간 투자가 반드시 필요합니다.

하지만 처음에 열심히 하다가도 시간이 지나면서 눈에 띄는 변화가 나타나지 않으면 지루함을 느끼기 쉽습니다. 언어 학습, 특히 시험을 준비하는 과정에서는 단어 암기나 독해 훈련 등 반복적인 작업이 필수이기 때문에, 때로는 이런 작업이 지루하게 느껴질 수도 있습니다. 그럴수록 묵묵히 시간을 들여 계속하는 것이 중요합니다. 언어는 마치 근육과 같아서 꾸준히 사용하고 단련해야만 강해집니다. 학습을 잠시 멈추면 천천히 처음 상태로 되돌아가므로, 중간에 멈추지 않고 꾸준히 시간을 투자해야 합니다.

효율적으로 꾸준히 하기

여기서 '1만 시간의 법칙'을 생각해 볼 수 있습니다. 이는 어떤 분야에서든 전문가가 되기 위해서는 최소한 1만 시간이 필요하다는 이론입니다. 이 법칙은 중요한 결론을 제시합니다. 재능이 부족하더라도 1만 시간을 채우면, 그 분야에서 전문가가 될 수 있다는 것입니다. 실제로 많은 위대한 인물들이 자신의 분야에서 두각을 나타낸 것도 모두 1만 시간이 넘는 꾸준한 노력이 뒷받침되었기 때문입니다. 효율도 물론 중요하지만, 꾸준함과 시간이 전문성을 기르는 중요한 요인임을 잊지 말아야 합니다.

그래서 우리는 효율과 시간 사이에 균형을 찾는 것이 중요합니다. 대부분의 학생들은 여러 과목을 동시에 공부해야 하며, 모든 과목에 1만 시간을 투자하는 것은 현실적으로 불가능합니다. 그렇기 때문에 효율적인 공부 방법을 찾아야 하죠. 하지만 이 과정에서 효율성만 추구하다 보면 요령만 늘고 실질적인 성과는 미미할 수 있습니다. 효율적인 방법을 찾는 것은 중요하지만, 충분한 시간을 들여 꾸준히 노력하는 태도도 반드시 함께해야 합니다. 이런 균형이 결국 성공으로 가는 길을 열어줍니다.

물론 이 길이 결코 쉽지는 않을 것입니다. 때로는 효율성을 고려하지 않고 느리지만 편하게 갈 수 있는 방법도 있습니다. 반면 효율적인 방법은 더 집중해야 하고 더 많은 노력을 기울여야 하므로 '덜 재밌고 더 고된 길'이 될 수 있습니다. 더 빨리 결과를 내기 위해서 더 큰 집중력과 더 많은 에너지를 요구하는 것이죠. 그래서 효율적인 방법으로 학습하는 것이 생각보다 더 힘들 수 있습니다. 하지만 견디며 나아가다 보면 어느 순간 눈에 띄는 발전이 분명히 나타납니다.

결국 공부의 효율성을 높이는 것도 중요하지만, 그보다 중요한 것은 충분한 시간을 투자하고 인내심을 가지고 꾸준히 노력하는 것입니다. 이는 단순히 공부에만 해당하는 것이 아니라, 인생의 다른 도전도 마찬가지입니다. 효율적인 방법을 통해 더 나은 결과를 기대할 수 있지만, 그러한 과정이 반드시 쉽거나 즐겁지 않을 수 있다는 점을 명심해야 합니다. 힘들고 지치는 순간에도 포기하지 않고 꾸준히 나아가는 것이 결국 성공으로 향하는 핵심 요소입니다.

따라서 공부에서든 인생에서든 단순히 효율성을 좇기보다는 충분한 시간과 노력을 꾸준히 쌓는 것이 진정한 성과를 만들어 낸다는 점을 기억해야 합니다.

암기를 미워하지 마세요

영어를 공부하다 보면 "암기는 언어 학습의 올바른 방법이 아니다"라는 말을 자주 듣게 됩니다. 영어는 자연스럽게 익히고 자유롭게 구사할 수 있어야지, 억지로 외워서는 안 된다는 주장이죠. 또 암기로는 제대로 말하지 못할 거라며 비판하는 사람들도 많습니다. 그러나 잘 생각해 보면 언어를 배우는 과정에서 암기는 필수입니다.

아기가 처음으로 언어를 배울 때를 생각해 봅시다. '엄마'라는 단어가 왜 엄마를 뜻하는지, 내 이름이 왜 이런 이름인지 따져 가며 배우지 않았죠. 그냥 엄마가 자주 하던 말을 따라 하고, 자주 쓰는 단어를 듣다 보니 자연스럽게 말을 배우게 된 겁니다. 이 과정에서 중요한 것은 바로 모방과 암기입니다. 처음에는 단어 하나를 따라 하고, 시간이 지나면 비슷한 상황에서 문장을 사용하고, 그다음에는 문장을 조금 변형해 가며 표현하게 됩니다. 이처럼 언어 학습의 초기 단계는 전적으로 암기에 의존한다고 할 수 있습니다. 우리가 말하는 '자연스러운 언어 학습'은 사실 암기의 결과입니다.

언어는 계속 변화한다

언어는 본질적으로 계속 변화합니다. 수학처럼 항상 규칙에 맞는 것이 아니에요. 예를 들어 한때 '자장면'이 표준어였지만, 사람들이 '짜장면'이라고 자주 발음하다 보니 '짜장면'이 표준어가 된 것처럼요. 이런 이유로 철자와 발음이 일치하지 않는 경우도 많고, 문법적으로 예외적인 표현도 많습니다. 이처럼 불규칙한 것들이 많기 때문에 결국 암기를 통해 익힐 수밖에 없습니다.

저도 예전에는 모든 것을 외우기보다 완벽한 규칙을 찾으려고 했던 때가 있었습니다. 수업을 할 때에도 최대한 외우지 않고 규칙을 설명하려 했고, 모든 예외에 적용될 수 있는 공통된

원리를 찾으려고 했죠. 하지만 그렇게 하다 보니 설명이 더 복잡해지고, 언어라는 것이 항상 규칙으로만 배울 수 없다는 것을 인정하게 되었습니다.

아이들이 모국어를 배우는 과정을 보면 이해하지 않고 먼저 따라하며 외웁니다. 아직 글을 쓸 줄 모르고 문법을 배운 적도 없지만 듣고 외운 문장들을 그대로 사용하죠. 외국어를 배우는 과정도 크게 다르지 않습니다. 처음에는 결국 암기부터 시작하는 거예요. 쉬운 문장부터 충분히 많이 외우게 된 후에 그 문장들을 변형해 사용하고, 그러면서 문법적인 규칙도 체득하게 되는 겁니다.

미국의 학생들도 SAT를 준비하면서 일상생활에서는 잘 쓰지 않는 단어들을 외워서 시험을 봅니다. 작가 지망생들도 잘 쓴 작품을 필사하며 연습하는데, 이 또한 어느 정도는 암기와 다르지 않습니다. 필사는 단순히 글을 따라 쓰는 것이 아니라, 문장을 외우면서 그 문장의 구조를 익히는 과정이기 때문이죠.

영어를 공부하면서 자주 겪는 문제 중 하나는 암기에 대한 거부감입니다. 하지만 모든 것을 이해하려다 보면 시간이 너무 많이 걸릴 수 있다는 사실을 알아야 해요. 이해하려는 노력은 물론 중요하지만, 때로는 외우고 나서야 이해되는 경우도 많습니다. 언어 학습에서는 암기와 이해가 계속해서 교차합니다.

이해만이 가장 빠르고 좋은 방법이 아닐 수도 있습니다.

예를 들어 많은 사람들이 가정법을 어려워합니다. 처음에는 가정법의 설명이 명확하게 이해되지 않을 수 있어요. 하지만 'if'가 들어간 문장을 다양하게 접하고 표현들이 머릿속에 쌓이다 보면 어느 순간 가정법이 자연스럽게 이해되는 때가 옵니다. 이런 일이 언어 학습에서는 흔하게 일어납니다.

그러니 영어 공부를 할 때 단어든 문장이든 외워야 할 것이 있으면 과감하게 외워 보세요. 영어 문장을 만드는 것이 낯설다면, 처음에는 문장을 외워 보는 것도 좋은 방법입니다. 암기는 노력의 한 부분이고, 답답할 때 가장 쉽게 시작할 수 있는 방법이기도 합니다. 암기가 곧 이해로 이어지지 않는다는 걱정은 하지 마세요. 언어를 꾸준히 외우다 보면 어느 순간 그 언어가 내 것이 되는 경험을 하게 될 겁니다.

8장

멘탈을 불잡는 방법

공부와 마인드 관리의 중요성

공부를 열심히 하는 것은 중요하지만, 그 과정에서 슬럼프를 조심해야 한다는 사실을 많은 학생들이 놓칩니다. 누구에게나 하루 24시간, 일주일에 7일이 주어집니다. 이 시간 동안 오로지 공부만 할 수 있다면 좋겠지만, 과연 그게 가능할까요? 잠도 안 자고, 밥도 대충 먹으면서 공부하는 사람들이 있다는 이야기를 들어본 적 있을 겁니다. 하지만 대부분의 사람들에게 이런 방법은 장기적으로 결코 효과적이지 않으며, 오히려 번아웃이나 우울감 같은 슬럼프로 이어질 수 있습니다.

슬럼프의 경고
: 나만의 계획과 전략 세우기

제가 대학 시절에 '3주 슬럼프 법칙'이라는 이야기를 들은 적이 있습니다. 이 법칙은 3주, 즉 21일 동안 쉬지 않고 공부하거나 일에 매달리면 꼭 슬럼프가 찾아온다는 것입니다. 그 시점 이후에는 번아웃이나 우울감, 피로가 쌓여 집중력이 떨어지고 성과가 급격히 저하된다고 합니다. 저 역시 이 법칙을 몸소 경험했습니다. 시험 공부를 할 때, 마음이 급해 주말도 쉬지 않고 하는 경우 항상 3주가 넘어가는 시점부터 머리가 멍해지고 심지어 번아웃 증상이 나타났습니다. 이렇게 되면 슬럼프를 극복하는 데 시간이 걸려 오히려 시간을 낭비하곤 했습니다.

그래서 저는 중요한 시험이 3주 남았을 때에만 막판 스퍼트를 올리기로 했습니다. 그전에는 아무리 마음이 급해도 주말 하루는 반드시 쉬는 날로 정해 두었습니다. 이렇게 하면 집중력을 유지하면서도 번아웃을 피할 수 있었습니다.

반대로 시험 직전에 멘탈만 신경 쓴 나머지 컨디션은 좋았지만, 오히려 공부량을 충분히 확보하지 못해 원하는 성적을 받지 못한 적도 있었습니다. 이런 시행착오들을 통해 저는 공부 계획을 세우는 것이 얼마나 중요한지 깨닫게 되었습니다.

공부 계획을 세우는 것은 단순히 시간을 나누는 것이 아닙니다. 나의 강점과 약점, 체력과 정신력의 한계를 정확히 알고, 이를 바탕으로 효율적인 계획을 세우는 것입니다. 저는 개인적으로 공부 계획을 오전, 오후, 저녁으로 나누어 그때마다 다른 과목을 공부하도록 계획을 짰습니다. 이렇게 하면 그 시간 안에 공부를 다 끝내야 한다는 생각에 더 집중했습니다.

멘탈 관리의 중요성

시험 준비에서 멘탈 관리는 공부만큼 중요한 요소입니다. 실전에서 성과를 발휘하는 데에는 멘탈의 강인함이 큰 역할을 합니다. 어떤 사람들은 연습 시험에서는 좋은 성적을 받다가도, 정작 실전 시험에서는 긴장해서 점수가 떨어지는 경우가 있습니다. 반대로 평소에는 비슷한 실력을 보였던 학생들이 수능 당일에 역대 최고의 성적을 내는 경우도 있습니다. 저는 이 현상이 단순히 운에 달린 문제라고 생각하지 않습니다. 오히려 공부 외적인 멘탈 관리가 성공적인 결과를 좌우한다고 생각합니다.

실전에서는 긴장감 속에서 집중력이 높아져 평소보다 실수를 줄일 수도 있지만, 반대로 긴장 때문에 실수를 더 많이 할 수도 있습니다. 이 상황을 어떻게 활용할지는 평소에 어떻게 자신을 관리하고 연습했는지에 따라 달라집니다. 이런 요령을 많은 학생들이 간과합니다. 사실 막판 점수를 올리는 가장 쉬운 방법 중 하나는 멘탈을 잘 다스리는 것일 수 있습니다.

멘탈 관리 또한 공부처럼 단기간에 이루어지는 것이 아닙니다. 꾸준한 연습과 자기 자신에 대한 이해가 필요합니다. 중학교부터는 좋든 싫든 시험의 연속입니다. 이 시기에 다양한 시도를 해 보면서 현명하게 시험을 준비하고 자기에게 제일 효과적인 방법을 찾으려고 노력하는 것이 이후의 공부에서 큰 도움이 될 것입니다.

'호머식 채점'에 대한 나의 생각

최근 티브이에서 처음 들은 '호머식 채점'이라는 말이 참 흥미로웠습니다. 처음에는 '심슨 가족'의 주인공 호머 심슨을 떠올렸는데, 알고 보니 인터넷에서 유래된 채점 방식이었습니다. 저는 인터넷을 자주 사용하지 않음에도 불구하고 이 이야기가 저까지 전해졌다는 것은, 그만큼 많은 사람들이 이 방법에 대해 이야기하고 있다는 뜻이겠지요.

'호머식 채점법(HCM)'은 인터넷 게시판에서 한 유저인 '호머'가 고안한 방식이라고 합니다. 이 채점법은 오답의 이유를 그럴듯하게 합리화하며, 마치 정답을 맞힌 것처럼 자신을 위로하는 채점법입니다. 예를 들면 계산 실수는 "시험장에서는 실수를 안 할 테니 정답", 시간 부족은 "끝까지 풀었으면 맞았을 테니 정답", 문제 오독은 "실제 시험에서는 문제를 정확히 읽었을 것이니 정답"이라는 식으로 스스로를 위로합니다.

이러한 채점 방식은 겉보기에는 정신 승리처럼 느껴지기도 하고, 많은 이들에게 웃음거리나 조롱의 대상이 되기도 합니다. 하지만 저는 이런 방식이 나름대로 긍정적인 효과를 줄 수 있다고 생각합니다. 사실 저도 비슷한 방식으로 시험 결과를 극복한 경험이 있기 때문입니다. 호머식 채점법이라는 이름은 최근에 붙여진 것이지만, 저는 대학 시절부터 비슷한 방법으로 자신감을 얻고 학습에 임해 왔습니다.

자신감을 키우는 나만의 채점법

저는 대학 시절 한 회계사 강사님의 이야기를 들었습니다. 그분은 회계사 시험 모의고사에서 첫 시험 점수가 터무니없는 점수였다고 합니다. 처음에는 크게 좌절했지만, 다시 문제를 보니 계산 실수나 시간 부족, 문제 오독 등으로 틀린 문제들이 많았고, 이런 문제들은 나중에 극복할 수 있을 것이라는 확신을 얻었다고 합니다. 그렇게 틀린 문제들을 동그라미 쳐 보니 합격 점수를 넘었고, 자기를 위로하고 자신감을 가지고 공부를 이어간 끝에 결국 합격했다고 합니다.

진담인지 농담인지 잘 모르겠는 이야기였으나 저에게는 울림이 있었습니다. 저는 이 이야기를 듣고 비슷한 방식을 제 공부에 적용했습니다. 물론 저는 호머식 채점처럼 무작정 정답으로 처리하지는 않았습니다. 틀린 문제를 체크하면서도 내가 충분히 맞출 수 있겠다고 스스로 인정하는 문제는 흐릿하게 동그라미 쳐서, 현실 점수와 다다를 수 있는 점수를 함께 적었습니다. 현실 점수는 부족했지만, 제가 도달할 수 있는 점수를 함께 보니 동기부여가 되었습니다.

이렇게 나만의 채점법을 활용하면서 공부하는 과정에서, 터널 안 같은 어둠 속에서도 자신감을 찾을 수 있었고 스스로가 조금씩 성장하고 있음을 느낄 수 있었습니다. 앞으로 더 발전할 수 있다는 믿음이 공부를 계속하는 원동력이 되었습니다. 이런 방식은 특히 시험을 장기적으로 준비하는 과정에서 동기부여가 되어 주었습니다.

비슷한 맥락에서 저는 시험을 준비하면서 바로 직전 기출문제를 인쇄해 가지고 다니며 자주 보았습니다. 처음에는 틀린 문제들이 많았지만, 공부를 통해 얻은 새로운 지식으로 다시 풀 때 맞출 수 있을지를 점검했습니다. 틀린 것에 연연하지 않고, 이 모든 과정이 진짜 시험을 위한 연습 과정임을 인식하며 공부하니 답답한 순간도 견딜 수 있었습니다.

긍정 마인드가 중요하다

저는 공부할 때 자신감을 충전하는 것이 매우 중요하다고 생각합니다. 누구나 공부한다고 앉아 있을 수 있지만, 집중력과 학습의 흡수력은 내가 목표에 도달할 수 있다는 믿음이 있을 때 극대화됩니다. 스스로 안 될 것 같다고 생각하며 책상에 앉아 있는 것과, 충분히 할 수 있다는 자신감을 가지고 공부하는 것은 결과에서 큰 차이를 만듭니다.

큰 시험일수록 준비해야 할 양이 많아 끝까지 집중해서 완주하는 것도 쉽지 않습니다. 때로는 실력이 느는지조차 눈에 보이지 않고, 내가 잘하고 있는지 알 수 없어 답답한 순간이 찾아올 때가 있습니다. 이럴 때 의지할 수 있는 것은 결국 자신감과 긍정적인 마인드입니다.

또 시험이 다가올수록 불안한 마음에 공부가 손에 잡히지 않을 때도 있습니다. 그럴 때 기출문제를 보며 내가 맞출 수 있는 문제들을 확인하고 스스로를 다독이면 마음을 다잡게 됩니다.

이런 방식이 시험 당일 자신 있게 문제를 풀어내는 데도 도움이 됩니다.

결론적으로 호머식 채점은 겉으로 보기엔 단순한 정신승리처럼 보일 수 있지만, 이를 잘 활용하면 긍정적인 사고방식과 자신감을 키우고 효율적인 학습을 돕는 도구가 될 수 있다고 생각합니다. 특히 시험 준비 과정에서 자신감과 효능감은 매우 중요합니다. 성과가 당장 눈에 보이지 않을 때는 누구나 의욕이 떨어지고, 심리적으로 지칠 수 있습니다. 그러나 이런 상황에서도 계속해서 앞으로 나아가게 만드는 것이 바로 긍정적인 자신감입니다.

자신만의 다양한 방법을 찾아서 나의 가능성을 믿어 주세요. 당장은 스스로를 다독이는 것처럼 느껴지더라도, 자신감과 효능감은 공부에서 가장 중요한 요소 중 하나이며, 어느 순간 그 자신감이 실제로 나의 성과로 이어질 수 있습니다.

나의 미래 미리 계획하기

중학교에 들어가면 갑자기 많은 변화가 찾아오고, 선택과 책임도 커지게 됩니다. 그에 따라 미래와 진로에 대한 고민도 깊어집니다. 가깝게는 중학교 성적이 고등학교 입시에 영향을 미치는 경우도 있기 때문에, 미래에 대한 계획을 충분히 세우는 것이 중요합니다.

중학교 내신이 고등학교 입시에 중요한 학교라면 1학년부터 바로 내신에 만전을 기해야 하지만, 그렇지 않다면 고등학교 준비에 더 힘을 쏟을 수 있습니다. 그럼에도 시간이 많지는 않습니다. 요즘 대세로 자리 잡고 있는 수시전형은 고등학교 1학년부터 반영이 되기 때문에, 결국 중학교 졸업 시점까지 어느 정도의 준비가 필요합니다.

준비가 되어 있어야 한다는 것은 어떤 진로를 선택할 것인지에 대한 생각도 어느 정도 정리되어 있어야 한다는 뜻입니다. 고등학교에 들어가면 바로 학생부(생활기록부)를 작성합니다. 학생부는 수시전형의 하나인 학생부 종합 전형에 쓰이는데요. 학생부 안에 진로와 관련한 이야기를 잘 담아야, 내가 진로를 얼마나 진지하게 고민했는지 보여 줄 수 있습니다. 이를 위해 중학교 때 미리 진로 계획을 세워 두면 고등학교 생활에 큰 도움이 되고, 고등학교 입시를 준비하는 데도 유용합니다.

미래를 계획할 때는 단순히 중학교나 고등학교를 넘어서, 더 장기적인 미래를 생각해 보는 것도 중요합니다. '피그말리온 효과'라는 말이 있습니다. 긍정적인 기대가 긍정적인 결과를 가져온다는 심리학 이론인데요, 자신의 성공한 모습을 머릿속에 그리면 자신감을 가지게 되고 그 기대에 맞추어 행동하게 된다는 것입니다. 같은 중학교 공부를 하더라도, 장기적인 목표가 있는 학생과 그냥 하루하루 학교를 다니는 학생은 집중의 정도가 다를 수밖에 없습니다.

진로와
목표 정하기

진로를 고민할 때 가장 중요한 것은 내가 좋아하는 것, 잘하는 것, 흥미 있는 것이 무엇인지를 찾는 것입니다. 좋아하는 일을 하면서 잘할 수 있다면 그만큼 성공할 확률도 높아집니다. 좋아하는 일을 잘하면 제일 좋겠지만, 두 가지가 맞지 않는다면 조율도 필요합니다.

중학생 시기에는 아직 내가 무엇을 잘하는지, 무엇에 흥미가 있는지 잘 모를 수도 있습니다. 그래서 다양한 활동을 경험하면서 자신의 가능성을 탐색해 보는 것이 좋습니다. 학교에서 제공하는 다양한 활동에 참여하거나, 동아리 활동, 교외에서 운영하는 다양한 캠프에 참여하면서 여러 가지 경험을 해 보세요. 많은 책을 읽어 보세요. 그래도 중학교 시기는 고등학교보다 시간 여유가 많습니다.

또 진로를 설정할 때에는 너무 제한적으로 생각할 필요는 없습니다. 처음에는 여러 분야에 관심을 두고 다양한 가능성을 열어 두는 것이 좋습니다. 예를 들어 과학에 흥미가 있다고 해서 반드시 과학자가 되어야 한다는 법은 없습니다. 과학을 기반으로 한 여러 직업이 있고, 그중 나에게 맞는 것이 무엇인지를 찾는 것이 중요합니다. 한 가지 분야에만 얽매이지 않고, 다양한 분야를 탐색하면서 내가 진정으로 흥미를 느끼는 것을 찾아가는 것이 필요합니다.

성인이 되어서도 진로는 계속 변합니다. 당장 평생 직업을 고르는 것이 아니고, 이제는 문이과 구분도 없습니다. 성인이 되어서도 직업과 전공은 여러 번 바뀔 수 있습니다. 지금 정하는 진로가 평생의 진로는 아닐 수 있으니, 당장 너무 심각하게 생각하지 않고 좋아하는 활동을 찾다 보면 나의 관심사를 발견하게 될 것입니다.

계획하는 습관

그리고 미래 계획을 세우는 습관을 들이기 위해서는 자기만의 기록 습관을 만드는 것이 좋습니다. 일기를 쓰거나, 메모를 하거나, 플래너를 사용하면서 자신의 생각을 정리하는 습관을 들여 보세요. 이렇게 기록하는 습관은 목표를 더 구체적으로 만들고, 이루고자 하는 목표를 다시 한번 상기시키는 역할을 합니다. 예를 들어 목표 열 가지를 적어서 지갑이나 필통에 넣어 다니는 것도 좋은 방법입니다. 이렇게 항상 목표를 생각하는 것은 자기 암시와 비슷한 효과를 냅니다. 목표를 항상 마음

속에 간직하고 있으면, 자연스럽게 그 목표를 이루기 위한 행동도 하게 됩니다.

미래를 계획할 때는 장기 목표와 단기 목표를 구분하는 것이 좋습니다. 장기 목표는 내가 어떤 사람이 되고 싶은지, 어떤 직업을 가지고 싶은지와 같이 큰 그림을 그리는 것이고, 단기 목표는 그 장기 목표를 이루기 위해 지금 당장 무엇을 해야 하는지를 설정하는 것입니다. 예를 들어 장기적으로는 외교관이 되고 싶은 꿈이 있을 수 있습니다. 그럼 단기적으로는 이번 학기 영어 내신 1등급을 받겠다거나, 이번 달에 문법책을 끝내겠다는 목표를 세울 수 있겠죠.

또한 목표를 구체적으로 설정해야 합니다. '좋은 성적을 받겠다'라는 막연한 목표보다는, '몇 월 며칠까지 문법 강의를 완강하겠다' 같은 구체적이고 실현 가능한 목표를 세우는 것이 좋습니다. 이렇게 구체적인 목표는 동기 부여가 되고, 목표를 달성했을 때 성취감을 느낄 수 있습니다. 그 작은 성취감이 모여 큰 목표를 이루는 데 도움을 줍니다.

미래를 계획하는 것만큼 중요한 것은 그 계획을 실천하는 습관을 기르는 것입니다. 아무리 좋은 계획을 세웠더라도 그것을 실천하지 않으면 의미가 없기 때문입니다. 실천력을 높이기 위해서는 계획을 작은 단위로 나누는 것이 좋습니다. 너무 큰 목표는 시작하기 어려워 보일 수 있으니, 그 목표를 하루하루 할 수 있는 작은 목표로 나누어 보세요. 예를 들어 '이번 달에 문법책을 끝내겠다'는 목표가 있다면, 이를 위해 '월수금 6-8시에 강의 두 개씩 듣고 복습하기' 같은 작은 목표를 세우는 것입니다.

이처럼 하루하루 실천할 수 있는 작은 계획을 꾸준히 실행해 나가면, 어느새 큰 목표를 이루게 될 것입니다. 또한 이러한 작은 성취는 나에게 자신감을 심어 주고, 더 큰 목표에 도전할 수 있는 원동력이 됩니다.

중학교 너머의 영어

영어는 중학교부터 본격적으로 학습 과정에서 중요한 자리를 차지하게 됩니다. 시험을 준비하고 성적을 올리기 위해 열심히 노력하는 것은 자연스러운 과정입니다. 그러나 영어를 공부하면서 우리는 한 가지 중요한 사실을 잊지 말아야 합니다. 영어는 단순히 시험 점수를 위한 도구가 아니라, 더 넓은 세상과 소통하고 연결될 수 있는 다리라는 점입니다. 이 점을 명심한다면 영어 공부는 단순한 시험 대비를 넘어, 미래의 더 큰 가능성을 위한 준비가 됩니다.

영어 공부는 수능이나 내신 시험을 넘어서, 우리가 꿈꾸는 진로와도 연결됩니다. 번역가, 통역사, 국제 저널리스트, 외교관, 인공지능 연구자와 같은 직업을 생각해 본다면 영어는 필수적인 도구가 됩니다. 또 해외 유학을 준비하거나 국제 기업에서 일하고 싶다면, 영어는 실질적인 소통의 도구로서 더욱 중요해집니다. 이처럼 영어는 지금 당장의 시험을 넘어서 미래의 꿈을 이루기 위한 도구라는 점을 염두에 두어야 합니다.

또한 영어는 글로벌 시대에 세계와 소통하는 중요한 수단이기도 합니다. 인공지능, 컴퓨터 과학, 최신 기술 대부분이 영어를 중심으로 발전하고 있는 지금, 영어 실력은 시대를 앞서 나가는 데 있어서 큰 무기가 될 수 있습니다. 단순히 시험용 영어에 머무르지 않고, 최신 연구나 기술을 이해하고 더 나아가 개발에 참여하기 위해서는 영어 실력이 꼭 필요합니다. 인공지능 시대에도 영어가 여전히 중요한 이유는 이 기술을 연구하고 활용하는 활동이 영어로 이루어지기 때문입니다.

영어 공부의 의미를 재발견하기

영어 공부가 시험 준비로만 여겨질 때 우리는 쉽게 지치거나 동기를 잃을 수 있습니다. 그러나 영어가 단순히 성적을 위한 도구가 아닌, 우리가 꿈꾸는 미래를 준비하는 과정이라는 점을 기억한다면 의미와 동기가 새롭게 다가올 것입니다. 시험 점수를 넘어서 영어를 잘하게 되면, 우리는 더 많은 기회를 빠르게 잡을 수 있습니다. 영어는 더 큰 세상과의 연결입니다.

시험이 중요한 시기이지만, 영어를 활용하여 즐길 수 있는 다양한 방법도 시도해 보세요. 미디어나 콘텐츠를 통해 영어를 자연스럽게 접하는 것도 좋은 방법입니다. 넷플릭스나 디즈니플러스 같은 스트리밍 서비스에서 영어 드라마나 영화를 원어로 보면 한층 더 생생하게 느낄 수 있습니다. 또한 테드 강연을 보며 내가 관심 있는 주제를 영어로 접하고, 관심 있는 분야의 영어 원서를 구해 누구보다 빠르게 지식을 얻는 재미도 누려 보세요. 이런 활동을 통해 영어는 학습의 대상에서 즐거움의 도구로 변할 수 있습니다. 공부로만 접근하지 말고 즐거움을 찾는 데도 사용해 보세요.

영어 공부는 단순한 시험 대비 그 이상입니다. 여러분이 지금 영어를 공부하는 이유가 무엇이든, 그것이 미래를 준비하는 과정이자 더 큰 꿈을 이루기 위한 발판이 될 것입니다. 많은 시험이 끝나고 나서도 영어는 우리의 삶에서 중요한 역할을 하게 될 것입니다. 영어를 통해 더 많은 기회를 만나고, 더 넓은 세상과 소통할 수 있는 미래를 꿈꾸며, 현재의 공부를 즐기고 의미 있게 만들어 가길 바랍니다. 여러분이 영어를 통해 열릴 새로운 가능성과 기회로 나아가는 여정을 진심으로 응원합니다.

문법·단어·독해를 대비하는 방법

중학교 입학 전 영어 공부

© 유지현 2024

인쇄일 2024년 12월 18일
발행일 2024년 12월 25일

지은이 유지현
펴낸이 유경민 노종한
책임편집 권순범
기획편집 유노라이프 권순범 구혜진 **유노북스** 이현정 조혜진 권혜지 정현석 **유노책주** 김세민 이지윤
기획마케팅 1팀 우현권 이상운 **2팀** 이선영 김승혜 최예은 전예원
디자인 남다희 홍진기 허정수
기획관리 차은영
펴낸곳 유노콘텐츠그룹 주식회사
법인등록번호 110111-8138128
주소 서울시 마포구 월드컵로20길 5, 4층
전화 02-323-7763 **팩스** 02-323-7764 **이메일** info@uknowbooks.com

ISBN 979-11-94357-08-7 (13590)

• — 책값은 책 뒤표지에 있습니다.
• — 잘못된 책은 구입한 곳에서 환불 또는 교환하실 수 있습니다.
• — 유노북스, 유노라이프, 유노책주는 유노콘텐츠그룹의 출판 브랜드입니다.